21世纪高等继续教育精品教材

# 微积分

主编 李林曙

副主编 赵坚 陈卫宏

中国人民大学出版社

21世纪高等继续教育精品教材

## 编审委员会

# 总 序

21世纪，科学技术发展日新月异，发明创造层出不穷，知识更新日趋频繁，全民学习、终身学习已经成为适应经济与社会发展的基本途径。近年来，我国高等教育取得了跨越式的发展，毛入学率由1998年的8%迅速增长到2004年的19%，已经进入到大众化的发展阶段，这其中高等继续教育发挥了重要的作用。同时，高等继续教育作为“传统学校教育向终身教育发展的一种新型教育制度”，对实现“形成全民学习、终身学习的学习型社会”、“构建终身教育体系”的宏伟目标，发挥着其他教育形式不可替代的作用。

目前，我国高等继续教育的发展规模已占全国高等教育的一半左右，随着我国产业结构的调整、传统产业部门的改造以及新兴产业部门的建立，各种岗位上数以千万计的劳动者，需要通过边工作边学习来调整自己的知识结构、提高自己的知识水平，以适应现代经济与社会发展的要求。可见，我国高等继续教育的发展，既肩负着重大的历史使命又面临着难得的发展机遇。

我国的高等继续教育要抓住机遇发展，完成自己的历史使命，从根本上说就是要全面提高教育教学质量，这涉及多方面的工作，但抓好教材建设是提高教学质量的基础和中心环节。众所周知，高等继续教育的培养对象主要是已经走上各种生产或工作岗位的从业人员，这就决定了高等继续教育的目标是培养能适应新世纪社会发展要求的动手能力强、具有创新能力的应用型人才。因此，高等继续教育教材的编写“要本着学用结合的原则，重视从业人员的知识更新，提高广大从业人员的思想文化素质和职业技能”，体现出高等继续教育的针对性、实用性和职业性特色。

为适应我国高等继续教育发展的新形式、培养应用型人才、满足广大学员的学习需要，中国人民大学出版社邀请了国内知名专家学者对我国高等继续教育的教学改革与教材建设进行专题研讨，成立了教材编审委员会，联合中国人民大学、中国政法大学、东北财经大学、武汉大学、山西财经大学、东北师范大学、华中科技大学、黑龙江大学等30多所高校，共同编撰了“21世纪高等继续教育精品教材”，计划在两三年内陆续推出百种高等继续教育精品系列教材。教材编审委员会对该系列教材的作者进行了严格的遴选，编写教材的专家、教授都有着丰富的继续教育教学经验和较高的专业学术水平。教材的编写严格依据教育部颁布的“全国成人高等教育公共课和经济学、法学、工学主要课程的教学基本要求”；教材内容的选择克服了追求“大而全”的现象，做到了少而精，有针对性，突出了能力的训练和培养；教材体例的安排突出了学习使用的弹性和灵活性，体现“以学为主”的教育理念；教材充分利用现代化的教育手段，形成文字教材和多媒体教材相结合的立体化教材，加强了教师对学生学习过程的指导和帮助，形象生动、灵活方便，易于保存，可反复学习，更能适应学员在职、业余自学，或配合教师讲授时使用，会起到很好的教学效果。

这套“21世纪高等继续教育精品教材”在策划、编写和出版过程中，得到教育部高教司、中国成人教育协会、北京高校成人高教研究会的大力支持和帮助，谨表深切谢意。我们相信，随着我国高等继续教育的发展和教学改革的不断深入，特别是随着教育部“高等学校教学质量和教学改革工程”的实施，这套高等继续教育精品教材必将为促进我国高校教学质量的提高做出贡献。

杨干忠

# 前 言

启迪人们思维、推进科学纵深发展的明珠——数学，当她的不尽影响产生出我们称之为“数学教育”的专门学科时，却常常遭遇无言的尴尬。“听起来难，学起来更难，用起来则难上加难”，这是这么多年来学习数学课程的广大学生心中的忧愁，也是数学教育和数学课程改革不可回避的首要问题。

数学需要学，毫无疑问。尤其对我们的大学生，但是对于不同的学生又到底需要学多少，学哪些，学多深？数学有用，也毫无疑问，尤其是进入信息化社会的今天！但是如何让学习者在学习的过程中就能体会到她看得见、摸得着的用处，用在哪，有什么用，怎样用？

数学学起来不易，也似乎毫无疑问，尤其是我们现在的经典数学和传统的课程内容体系！但是我们真的没有更好的办法让学生们学起来轻松一些，愉快一些，使学生们从怕学、不学和学了就忘，转向想学、要学和学了能用？

基于这些思考，反思多年的高等数学教学实践，我们悟出这样一条也许是充满艰辛、坎坷甚至会引来非议的改革之路，并下决心尝试着走下去：

1. 走下圣殿，轻装上阵。在内容选择上，大刀阔斧地改革高等数学的课程及内容体系，摆脱传统高等数学体系的束缚，大胆削减纯理论或实际应用不直接、后续课程运用不多或不集中的内容，使高等数学内容少、教材薄、课程好学。改革之后的高等数学仍然按微积分、线性代数、概率论与数理统计三大模块设计，但每一模块仅仅是分别保留了微积分、线性代数、概率论与数理统计中十分简单但又非常重要的内容。

2. 简捷形象，直接了当。内容讲授上，改变传统的数学教材过多地进行抽象的定理演绎、推导和繁杂的计算，全面采用几何印证、实际背景推理和简单验证等形象思维方式进行处理，大大简化数学定理证明、公式推导和习题演算，使学生（特别是成

人学生）真正从传统的数学学习负担中解放出来，并且集中精力有效关注数学作为工具的重要作用。

3. 循循善诱，任务驱动。编写体系上，密切数学与经济生活的联系与融合，强调数学的服务定位，强化数学的工具作用，努力做到“问题为‘的’，数学为‘矢’，有的放矢”。在每一章节的开头，都以日常生活及经济管理中常见和人们关心的典型事例为引子，一开始即引起学生的兴趣和求解问题的冲动；本章节则在该引子问题及其他更多实际问题的求解过程中自然引入数学工具，最终和学生一道在对数学的领悟和掌握之中共同完成对引子问题的解答。同时，本教材的旁白思考题、每节简单练习、每章作业等都按照“任务驱动”的要求进行设计，回答这些问题或完成这些练习和作业的过程实际上就是完成这些任务的过程。这样在学生获得动力激励和成就感的同时，教师也实现了案例引导、动机激励、任务驱动的教学策略。

4. 优化组合，选择多样。媒体手段上，利用现代信息技术，针对各种现代新兴媒体的教学功用，进行一体化设计。目前已经形成了教材、习题集、CAI 课件和网上资源等多种教学媒体。特别值得一提的是，为教材专门配备的 CAI 课件光盘，是以课程重点问题为核心，通过案例式任务驱动，以实战练习方式展开人机交互，逐步复习和消化学习内容，并在“看解题、跟着练、独立做”的进程中，循序渐进，稳步提高。

尽管改革的思路仅仅归结成上述简简单单的四点，但身在其中的改革群体却为之付出了百倍的辛劳，更承受了前所未有的压力和期盼。在此，要特别感谢一路走来给予我们坚定不移支持和热忱帮助的中国人民大学缪代文老师、胡曙光老师、云南广播电视大学的郑胡灵老师、四川广播电视大学的余梦涛老师、吉林广播电视大学的张新燕老师、太原广播电视大学的瞿炜老师、深圳广播电视大学的胡新生老师、胡民老师。真诚地希望敬爱的同学、老师、读者能够参与到我们的数学教学改革中来，您的参与就是对我们最大的支持和褒奖。我们期待着在不久的将来，能听到来自同学们一致的声音：

原来数学并不难，

原来数学这么有用，

原来数学也可以这样学！

那将是我们莫大的安慰。

本册编写分工如下：陈卫宏：第 1 章；赵坚：第 2 章；顾静相：第 3 章；李林曙：第 4 章。全书由李林曙统纂主编。

云南广播电视大学的郑胡灵老师、四川广播电视大学的余梦涛老师、吉林广播电视大学的张新燕老师、太原广播电视大学的瞿炜老师也参加了本册的编写工作。

因受经验和水平所限，书中不妥之处实属难免，敬请使用本教材的师生及其他读者毫无保留地提出批评和建议，以期及时修正。

**编者**

2006 年 6 月于北京

# 目录

# 第1章

# 一些常见的函数

## 花钱与赚钱

当你打算生产一种产品，然后再把它销售出去，不用说，你的目的肯定是为了赚钱. 但你是否知道？要想赚钱首先是要花钱的. 比如说，你需要有厂房和设备，还需要有人力和材料，这些都需要你花钱，在经济学中我们把你“花的钱”叫做成本；当你生产出了产品，并把它卖了出去，这时你得到了钱，在经济学中我们把你“得到的钱”叫做收入. 但要注意，你花了钱，也得到了钱，可是你赚到钱了吗？不一定. 所谓赚到钱，在经济学中我们把它叫做有了利润，也就是说利润应该是从收入中扣除成本所剩下的部分. 所以，如果你的收入抵不上你的成本，你不但没有赚到钱，你实际上还赔了本. 怎样才能赚到钱呢？并且当你真的赚到钱以后，你是否认为生产和销售的产品越多，赚的钱就越多呢？这些关于盈亏的问题，从本章的内容里，你可以找到答案.

成本

收入

收入
成本

世上的万事万物间总是有着这样或那样的联系. 为了处理好事物间的关系，人们总是希望能够通过某种简便和科学的方式来描述、刻画或表达出事物间的内在联系. 函数的概念就是为了实现这样的愿望和功能而引入的.

# 1.1 函数的概念

在我们周围的世界中，变化的量随处可见，例如温度、湿度、降雨量等等，如果稍加注意，会发现这些变化的量随时间、地域、季节的不同而不同. 同样，在经济领域中，这种变化的量也是随处可见的，如国民经济增长率、商品的产量、价格等等. 这些变化的量都有一个共同的特点，那就是它们之所以变化是因为受到其他一些变化的量的制约或者与其他一些变化的量相互制约. 例如，某种商品的市场需求量是受该商品的价格影响的，它随价格的变动而变化. 反之，该商品的价格也会受市场需求量的影响. 又如，银行利率受到国家经济政策中多种因素的影响，所谓多种因素也是一些变化的量. 变化的量之间相互制约的关系是普遍存在的，这种关系用数学的方法加以抽象和描述便得到一个重要的概念，就是函数. 它是我们定性、定量地研究各种变化的量的一个非常重要的工具.

## 1.1.1 函数的概念及性质

1. 函数的定义

函数是微积分学的主要研究对象，它的实质就是变量之间的对应关系. 为了了解这一点，先给出几个有关的概念.

在我们观察各种现象或过程的时候，经常会遇到两种不同的量：一种是在过程中保持不变、取一个固定数值的量，这种量称为常量；另一种是在过程中会起变化的、可在一定的范围内取不同数值的量，这种量称为变量. 常量的例子很多，如物体的重力加速度，北京到香港的直线距离等等. 变量的例子更是举不胜举，如前面提到的自然界中的温度、湿度，经济问题中的商品价格、银行利率等等.

应该指出，变量和常量的概念是相对的，某些变量在相应的限制条件下可以看成常量，如1996年第一季度的人民币存款利率，可以看作一个常量，而要考虑1986年到1996年之间的人民币存款利率，它就是一个变量. 对于一个变量来说，它可能取到的所有不同的值所构成的集合，称为这个变量的**变域**.

在本书中，我们一般用字母 $a$，$b$，$c$ 等表示常量，用字母 $x$，$y$，$z$，$s$，$t$ 等表示变量，而大写字母如 $X$ 则用来表示变量 $x$ 的变域. 当某些变量有其特定的经济含义时，也可用大写字母来表示，如 $C$（成本），$R$（收入），$L$（利润）等.

在给出函数的定义之前，先看几个例子.

**例 1** 某种商品的市场需求量 $q$ 与该商品的价格 $p$ 满足关系式

$$q=50-2p \qquad ①$$

通过这个关系式，根据不同的价格 $p$，可以知道该商品的市场需求量 $q$. 如价格 $p$ 为5时，由式①可知：

$$q=50-2\times5=40$$

得出需求量 $q$ 为40. 又如价格 $p$ 为20时，仍由式①可知，需求量 $q$ 为10. 显然，$p$，$q$ 是两个变量，而式①确定了这两个变量之间的对应关系.

**例 2** 某厂家生产一种产品的最大年产量为100，年产量 $q$ 与由该产品所获得的利润 $L$ 之间的关系由一条曲线来确定（如图1—1所示）. 通过这条曲线，根据该产品不同的年产量 $q$，可以知道由该产品所获取的利润 $L$. 如年产量 $q$ 为20时，利润 $L$ 为15；又如年产量 $q$ 为40时，利润 $L$ 为30. 曲线确定了两个变量 $q$ 与 $L$ 之间的对应关系. 从这个例子中还可以观察出，年产量 $q$ 为40时所获取的利润最大，而当年产量 $q$ 小

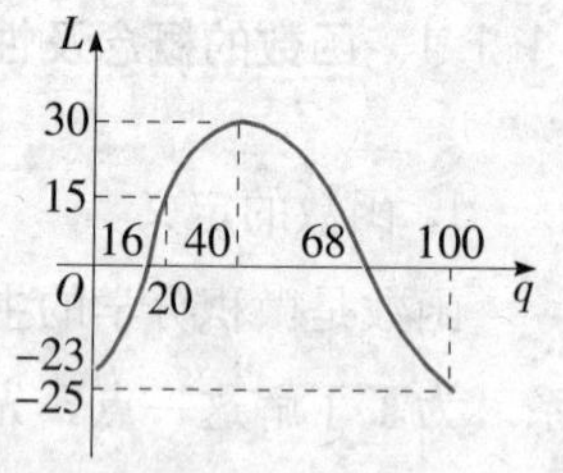

图1—1 利润曲线

于 16 或大于 68 时，获得的是负利润，也就是蚀本.

某一时期银行的人民币整存整取定期储蓄存期与年利率如表 1—1 所示：

表 1—1　定期存款年利率表

| 存　期 | 3 个月 | 6 个月 | 1 年 | 2 年 | 3 年 | 5 年 |
| --- | --- | --- | --- | --- | --- | --- |
| 年利率（%） | 1.71 | 2.07 | 2.25 | 2.70 | 3.24 | 3.60 |

这张表格确定了存期与年利率这两个变量之间的对应关系. 根据不同的存期可以知道整存整取定期储蓄的年利率. 如存期 3 个月的年利率为 1.71%，存期 3 年的年利率为 3.24%.

可以发现上述例子具有如下共同特征：

(1) 都有两个变量，前者取值一经确定，后者的值随之确定. 每个变量都有相应的变域. 例 1 中商品价格 $p$ 的变域为 $[0,25]$，例 2 中产品年产量 $q$ 的变域为 $[0,100]$，而例 3 中人民币存期的变域就是 {3 个月，6 个月，1 年，2 年，3 年，5 年}.

(2) 两个变量之间受一个对应规则约束，或者说两个变量按一个规则对应. 如例 1 中的两个变量按一个关系式对应，例 2 中的两个变量按一条曲线对应，而例 3 中的两个变量则按一个表格对应.

**问题 1**　函数的实质是什么?

这些共同特征所反映出的变量之间的对应关系就是函数. 下面，我们给出函数的确切定义.

**定义 1.1**

设 $x$，$y$ 是两个变量，$x$ 的变域为 $D$，如果存在一个对应规则 $f$，使得对 $D$ 内的每一个 $x$ 值，都有唯一的 $y$ 值与 $x$ 对应，则这个对应规则 $f$ 称为定义在集合 $D$ 上的一个**函数**，并将由对应规则 $f$ 所确定的 $x$ 与 $y$ 之间的对应关系记为

$$y=f(x)$$

称 $x$ 为**自变量**，$y$ 为**因变量**或**函数值**，$D$ 为**定义域**.

**问题 2**　确定函数的要素是什么?

由定义 1.1 确定的集合

$$Z=\{y \mid y=f(x), x \in D\}$$

称为函数 $f$ 的**值域**.

根据定义 1.1，例 1、例 2、例 3 中的对应关系就是 3 个不同的函数. 例 2 中函数的定义域为 $[0,100]$，值域为 $[-25,30]$.

**例 4** 设国际航空信件的邮资标准是 20g 以内邮资为 6 元，超过 20g，超过部分每 10g 加收 1.8 元，信件质量不能超过2 000g. 这样，邮资 $F$ 与信件质量 $m$ 的函数关系可表示为

$$F=F(m)=\begin{cases}6, & 0<m \leqslant 20 \\ 6+1.8\left[\dfrac{m-20}{10}\right], & 20<m \leqslant 2\,000\end{cases}$$ [①]

这个函数的定义域是 $(0,2\,000]$，值域是 $[6,362.4]$. 由这个函数关系式，可以知道任一在规定质量范围内的信件应付的邮资. 如信件质量为 8g，那么由

$$F(8)=6$$

可知邮资为 6 元. 又如信件质量为 25g，那么由

$$F(25)=6+1.8 \times\left[\frac{25-20}{10}\right]=7.8$$

可知邮资为 7.8 元.

2. 函数的两要素

由定义 1.1 可知，定义域 $D$ 是自变量 $x$ 的取值范围，而 $x$ 的函数值 $y$ 又是由对应规则 $f$ 来确定，所以函数由它的定义域 $D$ 和对应规则 $f$ 完全确定. 我们将函数的定义域和对应规则称为函数的两要素. 如果两个函数的定义域相同，对应规则也相同，则将这两个函数视为同一个函数，或称这两个函数相等. 例如，当 $x$，$u$ 的变化范围相同时，

$$y=2x+3$$

$$y=2u+3$$

① $[x]$ 是取整函数，$[x]$ 的取值是大于或等于 $x$ 的最小整数. 例如，当 $m=24$ 时，$\left[\frac{m-10}{10}\right]=[1.4]=2$.

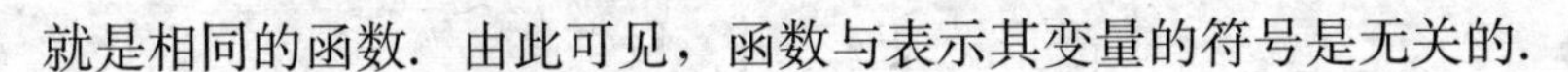

就是相同的函数．由此可见，函数与表示其变量的符号是无关的．

3．函数的表示法

函数有下列三种表示法：

(1) 解析法（又称公式法） 用数学式子来表示两个变量之间的对应关系．如本节例 1 就是用解析法表示的函数．

对于表示函数的解析法，需要做以下几点说明：

1）有时一个函数不能由一个式子表示，而需要在定义域的不同部分用不同的式子来表示，这样的函数称为**分段函数**．如本节例 4 中的函数．

2）如果因变量 $y$ 可以表示成一个只包含自变量 $x$ 的式子，那么我们将这样的函数称为**显函数**．如果两个变量之间的对应关系可以由一个方程

$$F(x,y)=0$$

来确定，即当 $x$ 的值给定后可以由此方程确定 $y$ 的值，我们就说这个方程确定了一个函数 $y=f(x)$．我们将这样由方程 $F(x,y)=0$ 确定的函数 $y=f(x)$ 称为**隐函数**．如方程

$$x^2+y^2=a^2$$

就确定了变量 $y$ 是变量 $x$ 的隐函数．

3）如果对于一个由解析法表示的函数 $y=f(x)$ 的定义域，没有加以特殊的限制，那么该函数的定义域就是使表达式有意义的所有 $x$ 构成的集合，我们将这种定义域称为函数的**自然定义域**．

(2) 图示法（又称图像法） 用平面直角坐标系中的曲线来表示两个变量之间的对应关系．如本节例 2 中的函数．

(3) 表格法（又称列表法） 将自变量的一些值与相应的函数值列成表格，表示变量之间的对应关系．如本节例 3 中的函数．

在函数的三种表示法当中，解析法是对函数的精确描述，它便于对函数进行理论分析和研究．图示法是对函数的直观描述，通过图形可以清楚地看出函数的一些性质．列表法常常是在实际应用问题中使用的描述方法，在许多实际问题当中，变量之间的对应关系常常难以由一个确定的解析式来表示．

**例 5** 求函数 $y=\dfrac{1}{x+2}+\sqrt{4-x^2}$ 的定义域.

**解** 对于$\dfrac{1}{x+2}$，要求 $x+2\neq 0$，即 $x\neq -2$；

对于$\sqrt{4-x^2}$，要求 $4-x^2\geqslant 0$，从而得出$-2\leqslant x\leqslant 2$.

因此，函数 $y=\dfrac{1}{x+2}+\sqrt{4-x^2}$的定义域是

$$D=(-2,2]$$

**例 6** 求函数 $y=\dfrac{1}{\ln(x-1)}+\sqrt{5-x}$ 的定义域.

**解** 对于 $\ln(x-1)$，要求 $x-1>0$，即 $x>1$；

对于 $\dfrac{1}{\ln(x-1)}$，要求 $\ln(x-1)\neq 0$，于是 $x-1\neq 1$，即 $x\neq 2$；

对于$\sqrt{5-x}$，要求 $5-x\geqslant 0$，即 $x\leqslant 5$.

因此，函数 $y=\dfrac{1}{\ln(x-1)}+\sqrt{5-x}$ 的定义域是

$$D=(1,2)\cup(2,5]$$

4. 函数的单调性

函数的单调性是我们要研究的最重要的函数属性，在实际问题的研究中，单调性会给我们指出函数变化的方向，带领我们达到最终解决问题的理想目标. 那么函数的单调性指的是什么呢?

有些函数的函数值随自变量的增大而增大，有些函数的函数值随自变量的增大而减小，这就是函数的单调性.

**定义 1.2**

设函数 $y=f(x)$ 的定义域为 $D$，若对于 $D$ 内任意的 $x_1$，$x_2$，如果 $x_1<x_2$，就有

$$f(x_1)<f(x_2)$$

则称函数 $y=f(x)$ 在 $D$ 内是**单调增加**的. 如果 $x_1<x_2$，就有

$$f(x_1)>f(x_2)$$

则称函数 $y=f(x)$ 在 $D$ 内是**单调减少**的.

在定义 1.2 中，若将 $f(x_1) < f(x_2)$（或 $f(x_1) > f(x_2)$）改为 $f(x_1) \leqslant f(x_2)$（或 $f(x_1) \geqslant f(x_2)$），则称函数在 $D$ 内是单调不减（或不增）的. 单调增加或单调减少的函数，以及单调不减或单调不增的函数，统称为**单调函数**.

有些函数在其定义域 $D$ 内不是单调函数，但在 $D$ 内的一个区间内具有单调性，我们将这种区间称为函数的**单调区间**. 如图 1—2（a）中的函数是单调增加的，图 1—2（b）中的函数是单调减少的. 而图 1—3 中的函数不是单调函数，但 $y=f(x)$ 在（$a,b$）与（$c,d$）内是单调增加的，在（$b,c$）内是单调减少的，（$a,b$），（$b,c$）或（$c,d$）都是函数 $y=f(x)$ 的单调区间.

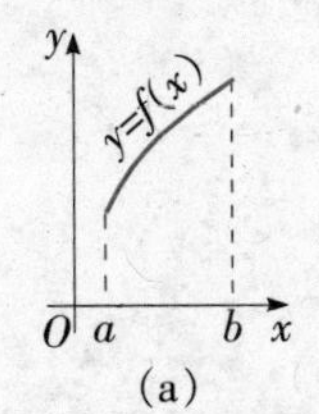


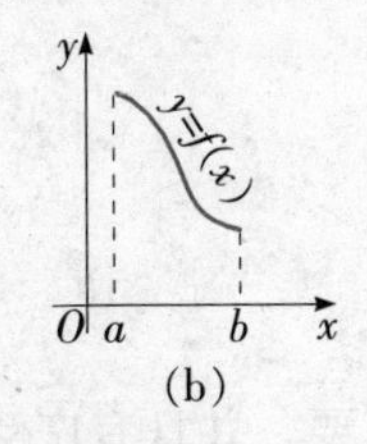


图 1—2 单调函数的图形

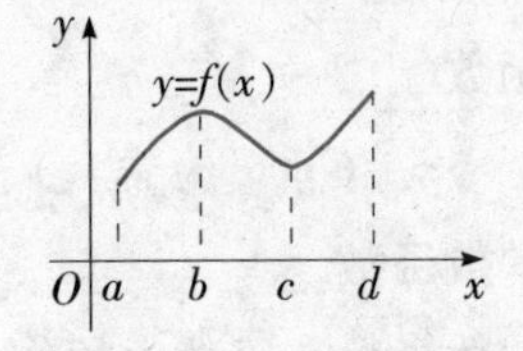


图 1—3 函数的单调区间

讨论函数 $y=x^2$ 的单调性.

**解** 函数 $y=x^2$ 的定义域 $D$ 是（$-\infty$，$+\infty$）.

对任意 $x_1>x_2>0$，由不等式的性质可得

$$x_1^2>x_1x_2$$

$$x_1x_2>x_2^2$$

再由不等式的传递性得到

$$x_1^2>x_2^2$$

即 $f(x_1)>f(x_2)$

所以函数 $y=x^2$ 在（$0$，$+\infty$）内单调增加.

对任意 $0>x_1>x_2$，同理可得

$$x_1^2<x_1x_2$$

$$x_1x_2<x_2^2$$

因而得到 $x_1^2<x_2^2$

即 $f(x_1)<f(x_2)$

所以函数 $y=x^2$ 在 $(-\infty,0)$ 内单调减少.

了解了函数的概念和性质之后，我们还需要熟悉一些常用的函数，以使我们可以更方便地利用数学方法去解决一些经济生活中的问题.

### 1.1.2 常用的函数

用数学方法解决经济问题的重要方面，就是用微积分的方法研究经济领域中出现的一些函数关系. 因此，有必要了解一些基本初等函数以及经济分析中常见的函数.

1. 常数函数

函数

$$y=C \text{（}C\text{ 为常数）}$$

称为常数函数.

常数函数在函数中的作用十分重要，并且有广泛的实际意义. 因此，它本身被看作一类基本初等函数. 例如

$$y=\sin^2 x+\cos^2 x$$

就是一个常数函数，因为由三角公式可知，上式右端恒等于1. 常数函数 $y=C$ 的图形就是一条过点 $(0,C)$ 且平行于 $x$ 轴的直线，如图1—4所示.

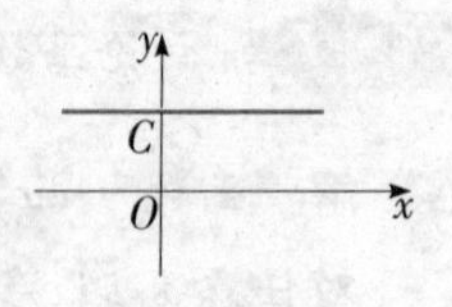


图1—4 常数函数的图形

2. 幂函数

函数

$$y=x^\alpha \text{（}\alpha\text{ 为实数）}$$

称为幂函数. 以下按几种情况讨论幂函数的性质：

(1) $\alpha=0$：$y=1$ 是常数函数.

(2) $\alpha>0$：$\alpha$ 为整数，定义域为 $(-\infty,+\infty)$. $\alpha$ 为奇数时，$y=x^\alpha$ 是单调增加的奇函数，值域为 $(-\infty,+\infty)$，图形如图1—5 (a) 所示；$\alpha$ 为偶数时，$y=x^\alpha$ 是偶函数，$x<0$ 时单调减少，$x>0$ 时单调增加，值域为 $[0,+\infty)$，图形如图1—5 (b) 所示.

$\alpha$为分数，当$\alpha=\frac{1}{n}$，$n$为奇数时，$y=x^{\frac{1}{n}}$是单调增加的奇函数，定义域为（$-\infty$，$+\infty$）；$n$为偶数时，$y=x^{\frac{1}{n}}$的定义域为$[0,+\infty)$. 图形如图1—5（c）所示.

（3）$\alpha<0$：$\alpha=-1$时，$y=x^{-1}$的定义域为$(-\infty,0)\cup(0,+\infty)$，是奇函数，在$(-\infty,0)$及$(0,+\infty)$内分别单调减少，但在整个定义域上不是单调函数.

$\alpha=-2$，$y=x^{-2}$的定义域为$(-\infty,0)\cup(0,+\infty)$，是偶函数，在$(-\infty,0)$内单调增加，在$(0,+\infty)$内单调减少. 函数$y=x^{-1}$及$y=x^{-2}$的图形如图1—5（d）所示.

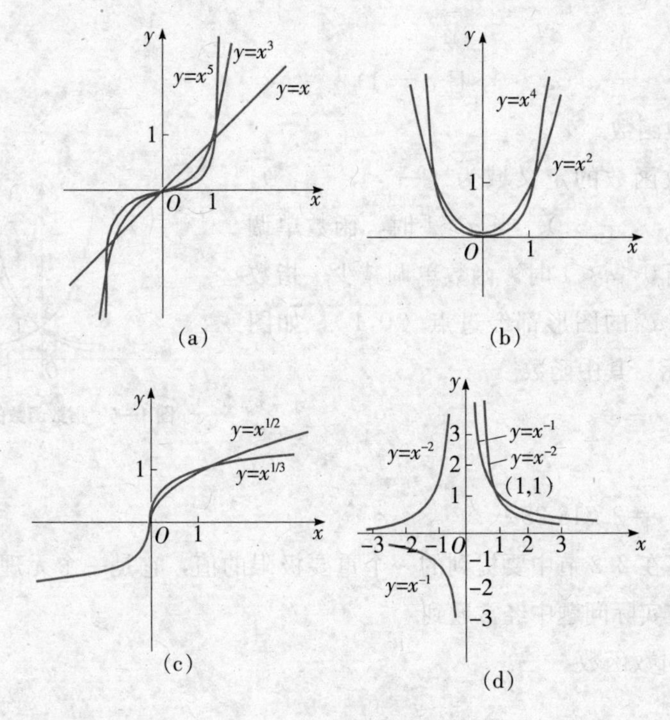


图1—5 幂函数的图形

$\alpha$为任意实数时，$y=x^{\alpha}$的图形都过点$(1,1)$，并且$y=x^{\alpha}$在$(0,+\infty)$内总有定义.

3. 多项式函数

函数

$$y = a_n x^n + a_{n-1} x^{n-1} + \cdots + a_1 x + a_0 \text{(}n\text{ 为自然数)}$$

称为多项式函数．多项式函数也记为 $P_n(x)$．

多项式函数可以看成幂函数 $y=x^n$（$n$ 为自然数）和常数函数 $y=C$ 经线性运算而得到．所谓线性运算就是加法和数量乘法．

在多项式函数中，

$$y = a_1 x + a_0 \qquad (a_1 \neq 0)$$

$$y = b_2 x^2 + b_1 x + b_0 \qquad (b_2 \neq 0)$$

分别是初等数学中所熟知的一次函数及二次函数．

4. 指数函数

函数

$$y = a^x (a > 0\text{，且 } a \neq 1)$$

称为指数函数．

指数函数的定义域为（$-\infty$，$+\infty$），值域为（0，$+\infty$）．当 $a>1$ 时，函数单调增加；当 $0<a<1$ 时，函数单调减少．指数函数 $y=a^x$ 的图形都经过点（0,1），如图1—6所示，其中函数

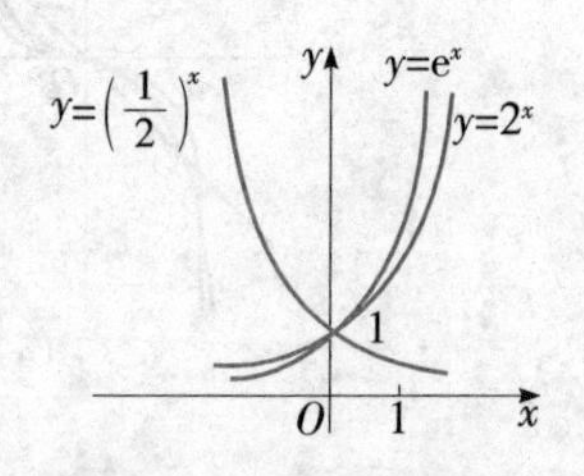


图 1—6　指数函数的图形

$$y=e^x$$

的底数

$$e=2.718\ 28\cdots$$

是我们将在 2.2 节中要提到的一个重要极限的值，它是一个无理数．指数函数在实际问题中经常遇到．

5. 对数函数

函数

$$y = \log_a x (a > 0\text{，且 } a \neq 1)$$

称为对数函数．

对数函数的定义域是（0，$+\infty$），值域为（$-\infty$，$+\infty$）．当 $a>1$ 时，函数单调增加；当 $0<a<1$ 时，函数单调减少．所有对数函数 $y=$

$\log_a x$ 的图形都过点（1,0），如图1—7所示，其中以e为底的对数函数 $y=\log_e x$ 称为**自然对数**，简记为 $y=\ln x$. 而以10为底的对数函数称为**常用对数**，简记为 $y=\lg x$.

对数函数与指数函数是两类不同的基本初等函数，但它们之间联系密切. 对于同一个 $a$（$a>0$，且 $a\neq 1$），指数函数 $y=a^x$ 与对数函数 $y=\log_a x$的图形关于直线 $y=x$ 对称（如图1—8）. 如果在同一坐标系中两个函数的图形关于直线 $y=x$ 对称，那么称这两个函数互为反函数.

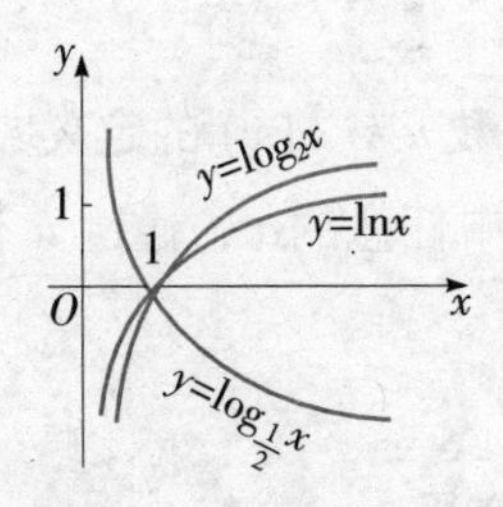


图1—7 对数函数的图形

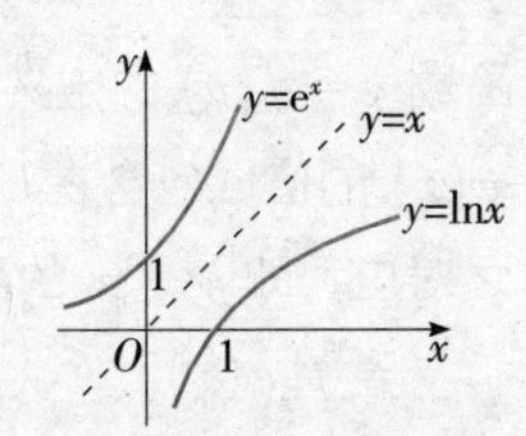


图1—8 互为反函数的图形

上述提到的5类函数，除多项式函数外，其余的函数我们也称为**基本初等函数**.

实际上两个函数之间是可以进行四则运算（即加、减、乘、除）的，运算的结果还是一个函数，它所对应的函数值就是前两个函数的函数值的四则运算的结果. 比如说幂函数和常数函数经有限次的乘法和加法运算就可以得到多项式函数.

除了四则运算外，函数之间还有一种重要的运算，比如，销售产品的收入随价格而变化，即收入是价格的函数，而价格又随产量而变化，即价格是产量的函数，那么通过价格这个中间媒介，收入就成了产量的函数. 这样由两个函数产生的新的函数就是我们下面要介绍的复合函数.

### 1.1.3 复合函数

我们先看看复合函数是怎样形成的，再进一步了解一下初等函数.

1. 复合函数

由以下两个函数

$$y=\ln u$$

$$u=\sin x$$

可以得到函数

$$y=\ln\sin x$$

对此，我们理解为 $y$ 是 $u$ 的函数，而 $u$ 是 $x$ 的函数，那么 $y$ 通过 $u$ 就是 $x$ 的函数.

**定义 1.3**

若函数 $y=f(u)$ 的定义域为 $U$，而函数 $u=\varphi(x)$ 的定义域为 $X$，且 $u=\varphi(x)$ 的值域包含在 $U$ 中，则对 $X$ 中任意的 $x$，通过 $u$ 有唯一的 $y$ 与之对应，即 $y$ 是 $x$ 的函数，记为

$$y=f[\varphi(x)]$$

这种函数称为**复合函数**，其中 $u$ 称为**中间变量**.

**问题 3**

为什么要求 $u=\varphi(x)$ 的值域包含在 $U$ 中？

许多复杂的函数，都可看作几个简单函数经过中间变量复合而成. 如

$$y=\mathrm{e}^{\tan x^2}$$

就可以看作是经 $y=\mathrm{e}^u$，$u=\tan v$，$v=x^2$ 几个函数复合而成，而这几个函数都是基本初等函数.

复合函数是函数之间的一种运算的结果，而不是一种类型的函数.

**例 8** 求复合函数

$$y=\ln(x^2+3x-10)$$

的定义域，且将其分解为较简单的函数.

**解** 由对数函数的定义域可得

$$x^2+3x-10>0$$

再由二次函数的性质可得复合函数的定义域为 $(-\infty,-5)\cup(2,+\infty)$.

题中的复合函数可分解为

$$y=\ln u$$

及 $u = x^2 + 3x - 10$

其中 $y = \ln u$ 是基本初等函数，$u = x^2 + 3x - 10$ 是多项式函数.

2. 初等函数

函数之间除复合运算之外，还有前面提到的加、减、乘、除等几种运算. 由基本初等函数经过有限次加、减、乘、除或复合而得到的函数，称为**初等函数**.

微积分所研究的函数主要是初等函数. 由初等函数的定义可以看出，任意一个初等函数可以分解为基本初等函数的四则运算或复合运算.

**例 9** 将下列初等函数分解为基本初等函数的运算：

(1) $y = \sin(\ln \sqrt{x^2 - 1})$；

(2) $y = \dfrac{1 + \cos^2 x}{\tan \sqrt{x}}$.

**解** (1) $y = \sin u$

$u = \ln v$

$v = w^{\frac{1}{2}}$

$w = x^2 - 1$

其中 $y$，$u$，$v$ 作为中间变量 $u$，$v$，$w$ 的函数都是基本初等函数，而 $w$ 是幂函数 $x^2$ 与常数函数 1 的差，即 $y$ 作为 $x$ 的函数是由基本初等函数经一次减法及三次复合而成.

(2) $y = \dfrac{u}{v}$，其中

$u = 1 + w^2$

$w = \cos x$

$v = \tan t$

$t = x^{\frac{1}{2}}$

$y$ 是函数 $u$ 与 $v$ 的商，而 $u$ 是幂函数 $w^2$ 与常数函数 1 的和.

可以看出，初等函数是由一个解析式来表示的，因此分段函数不是初等函数. 但是，由于分段函数在其定义域的不同子区域上通常是用初

等函数表示的，我们仍然可以通过初等函数来研究它们.

## 简单练习 1.1

1. 求下列函数的定义域：

(1) $y=\sqrt{x-4}$；　(2) $y=\ln(3-x)$；

(3) $y=\sqrt{x^2-x-12}$；　(4) $y=\dfrac{1}{x^2+8x+15}$.

2. 已知函数 $f(x)=x^2+2$，求 $f(0)$，$f(1)$ 及 $f(-2)$.

3. 设分段函数

$$f(x)=\begin{cases} x^2+2, & -2<x<1, \\ 5-x, & 1<x<2. \end{cases}$$

求 $f(x)$ 的定义域，并求 $f(-1)$，$f(1)$ 及 $f(\frac{3}{2})$.

4. 判断下列各对函数是否相同：

(1) $f(x)=x$，$g(x)=\sqrt{x^2}$；

(2) $f(x)=x$，$g(x)=(\sqrt{x})^2$；

(3) $f(x)=x+1$，$g(x)=\dfrac{x^2-1}{x-1}$.

5. 判断下列函数在指定区间上的单调性：

(1) $y=x^5$, $x\in(0,+\infty)$；

(2) $y=x^2-6x+5$, $x\in(-\infty,3)$；

(3) $y=x^2-2x+1$, $x\in(0,+\infty)$.

一次函数和二次函数是我们最常遇到的函数，它们直观上的特征是怎样的呢？或者说它们的图形是什么形状呢？要了解这些，就需要我们了解函数的几何表示.

# 1.2 函数的几何表示

这里首先让我们了解一下平面直角坐标系中方程及其图形的关系.我们已经知道，一般的函数表达式为

$$y = f(x) \quad ①$$

另一方面，我们也可以把①式表示为方程的形式

$$f(x) - y = 0 \text{ 或 } F(x,y) = 0 \quad ②$$

如果在平面直角坐标系中有这样一条曲线（如图1—9)，它和②式满足以下关系

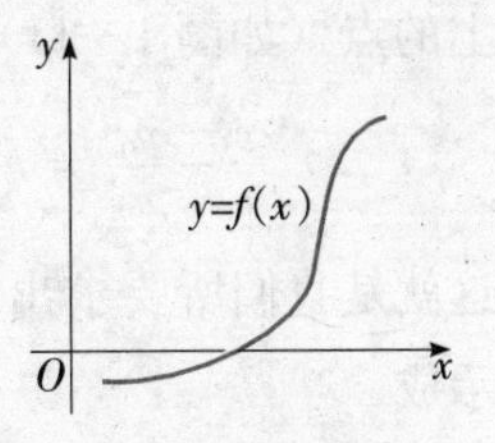


图 1—9 函数的图形

(1) 曲线上所有点的坐标都满足方程②;

(2) 坐标满足方程②的所有点都在曲线上.

那么②式就称为这条曲线的方程，而曲线就称为方程的图形. 当然它也就称为函数 $y = f(x)$ 的图形.

我们先来考虑 $y = f(x)$ 是一次函数的图形.

## 1.2.1 一次函数

一次函数的表达式是

$$y = ax + b \quad (1.1)$$

其中 $a$，$b$ 都是常数，且 $a \neq 0$，它的图形是一条直线（如图 1—10)，所以我们也将公式（1.1）称为直线方程.

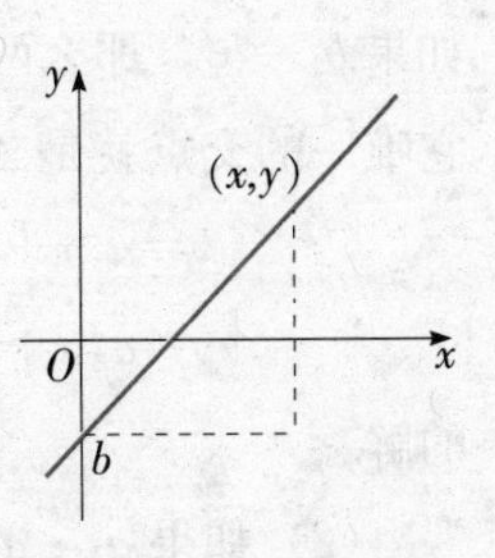


图 1—10 一次函数（直线）的图形

显然点（$0,b$）在直线上，此外，如果点（$0,b$）

是直线上的点，那么我们将

$$\frac{y-b}{x-0}$$

称为直线的斜率，另一方面，由公式（1.1）得到

$$\frac{y-b}{x}=a$$

如此一来，公式（1.1）中两个常数 $a$，$b$ 的含义就清楚了，其中 $a$ 是直线的斜率，$b$ 是直线与 $y$ 轴交点的纵坐标（也称为直线在 $y$ 轴上的截距）.

求直线的方程有很多种方法，比如已知直线的斜率为 $k$，且直线经过点（$x_0,y_0$），我们就可以确定直线的方程，因为如果点（$x,y$）是直线上的点（如图 1—11），它就应满足

$$\frac{y-y_0}{x-x_0}=k \qquad (1.2)$$

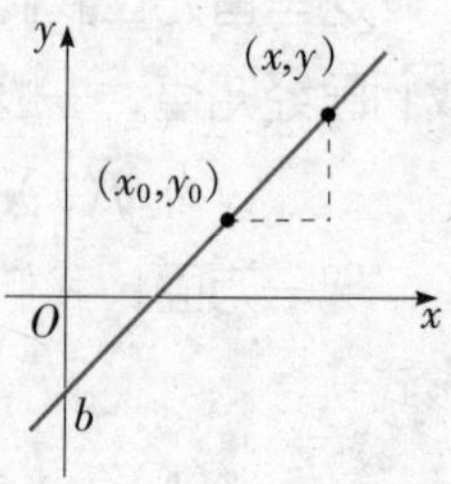

图 1—11　直线方程的图形

这就是我们所要求出的直线方程，也可以把它表示成

$$y=k(x-x_0)+y_0$$

如果两条直线的方程分别为

$$y=a_1x+b_1$$

$$y=a_2x+b_2$$

那么两条直线间存在以下关系：

（1）如果 $a_1=a_2$，即两直线的斜率相同，那么两条直线平行，此时如果 $b_1=b_2$，那么两条直线完全重合；如果 $a_1\neq a_2$，那么两条直线相交，它唯一的交点就是二元一次方程组

$$\begin{cases} y=a_1x+b_1 \\ y=a_2x+b_2 \end{cases}$$

的解.

（2）如果 $a_1\cdot a_2=-1$，那么两条直线垂直，即两直线的夹角为 90°.

**例**　已知直线的斜率为 $-\frac{1}{2}$，且经过点（2,1），求该直线的方

程，并说明该直线与直线

$$y=2x-3$$

的关系．

**解** 由已知条件及公式（1.2），可以得到所求直线方程为

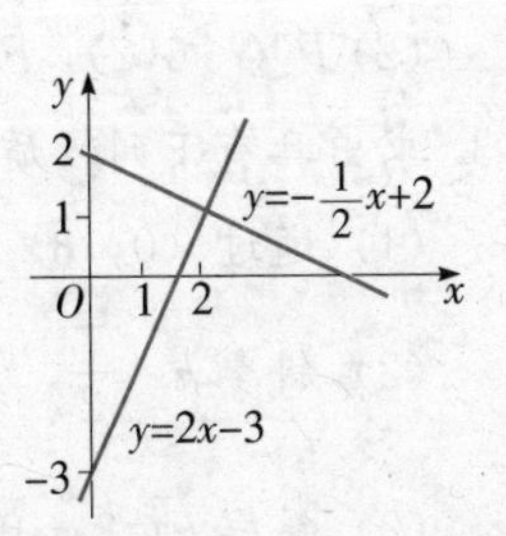

图 1—12 直线方程的图形

$$\frac{y-1}{x-2}=-\frac{1}{2}$$

也可以写成

$$y=-\frac{1}{2}x+2$$

显然它与直线 $y=2x-3$ 垂直，两条直线的图形如图 1—12 所示．

下面我们再来看 $y=f(x)$ 是二次函数时的图形.

### 1.2.2 二次函数

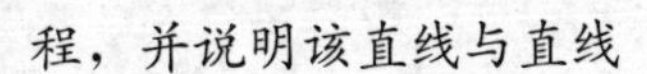

二次函数的表达式是

$$y=ax^2+bx+c \tag{1.3}$$

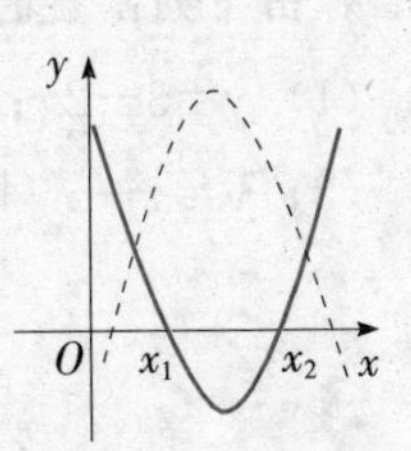

图 1—13 二次函数的图形

其中 $a$，$b$，$c$ 都是常数，且 $a\neq0$，它的图形是一条抛物线（如图 1—13），图中实线的图形对应于 $a>0$ 时的情形，而虚线的图形对应于 $a<0$ 时的情形．如果二次函数的图形能够与 $x$ 轴相交，那么它与 $x$ 轴的两个交点的横坐标 $x_1$，$x_2$ 就是一元二次方程

$$ax^2+bx+c=0$$

的两个根．如果二次函数的图形不能与 $x$ 轴相交，那么上述一元二次方程没有实数根．

## 简单练习 1.2

1. 在平面直角坐标系中标出下列各点：

(1)（4，5）；  (2)（−3，4）；

(3) $(-3, -5)$；　　(4) $(2, -3)$.

2. 求出下列每一组中两点间的距离：

(1) $P_1(3, -4)$，$P_2(3,1)$；

(2) $P_1(-6,2)$，$P_2(-4, -2)$.

3. 求出具有下列性质的直线的方程：

(1) 通过 $(0, 3)$ 点和 $(1, 1)$ 点；

(2) 斜率 $k=\frac{1}{2}$，且通过 $(0, 0)$ 点；

(3) 斜率 $k=3$，且在 $x$ 轴上的截距为 $\frac{1}{2}$.

4. 确定下列各对直线的位置关系，若它们相交，求出交点，并画出各对直线的图形.

(1) $l_1$：$2x-3y+6=0$，　$l_2$：$4x-6y+7=0$；

(2) $l_1$：$-2x+3y+6=0$，　$l_2$：$4x-6y-12=0$；

(3) $l_1$：$3x-3y+9=0$，　$l_2$：$x+y-2=0$；

(4) $l_1$：$2x-y+2=0$，　$l_2$：$-3x+2y=0$.

5. 作出下列函数的图形：

(1) $y=3-2x$；

(2) $y=x-x^2+12$.

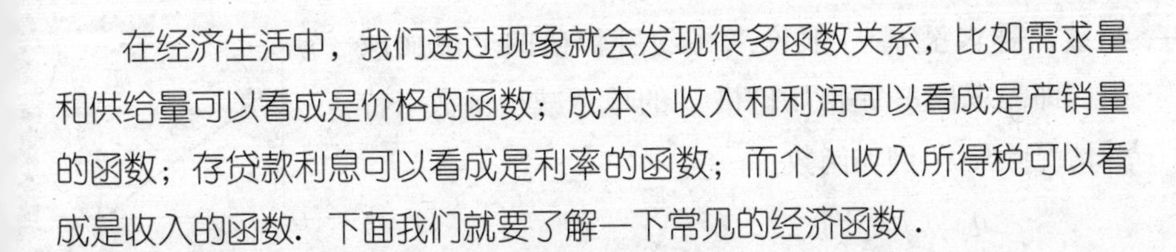

在经济生活中，我们透过现象就会发现很多函数关系，比如需求量和供给量可以看成是价格的函数；成本、收入和利润可以看成是产销量的函数；存贷款利息可以看成是利率的函数；而个人收入所得税可以看成是收入的函数．下面我们就要了解一下常见的经济函数．

# 1.3 常见的经济函数

产品的市场价格如何能够起到调控供求关系的作用，我们可以通过了解需求函数和供给函数，寻找问题的答案．

## 1.3.1 需求函数和供给函数

用数学方法解决经济问题，首先要将经济问题转化为数学问题，即建立经济数学模型，这实际上就是找出经济问题中各种变量的函数关系．

1. 需求函数

在经济活动中，生产者与消费者通过市场交换商品，消费者购买商品是为了得到它的效用，生产者提供商品是为了获取利润，而市场就是生产者与消费者之间的桥梁．

作为市场中的一种商品，消费者对它的需求量是受到诸多因素影响的，例如该商品的市场价格，消费者的收入，消费者的偏好等等．其中，市场价格是影响需求量的一个十分重要的因素．为讨论问题方便起见，我们先忽略其他因素的影响，即假定某种商品的市场需求量只与该商品的市场价格有关，即

$$q_d = q(p)$$

其中，$q_d$ 是商品的需求量，$p$ 为该商品的市场价格．作为市场价格 $p$ 的

函数，需求量 $q_d$ 一般说来将随着价格的上涨而减少，即需求量 $q_d$ 是市场价格 $p$ 的单调减少函数（特殊情况除外）. 例如函数

问题 4
为什么要有 $a<0$，$b>0$?

$$q_d = ap + b \tag{1.4}$$

就是一个线性需求函数，其中 $a<0$，$b>0$.

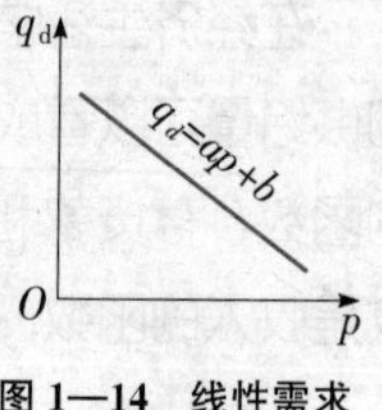

图 1—14 线性需求函数的图形

线性需求函数的图形如图 1—14 所示.

2. 供给函数

如果市场的每一种商品直接由生产者提供，生产者的供给量也是受多种因素影响的，如该商品的市场价格，生产者生产该商品所付出的成本等等. 在这里，我们也忽略其他因素，而只是将供给量看作该商品的市场价格的函数，由于生产者向市场提供商品的目的是赚取利润，一般来讲，与需求函数的情况相反，供给量是随着市场价格的上涨而增加的，即供给量是市场价格的单调增加函数，例如函数

$$q_s = a_1 p + b_1 \tag{1.5}$$

就是一个线性供给函数，其中 $a_1>0$，$b_1<0$.

线性供给函数的图形如图 1—15 所示.

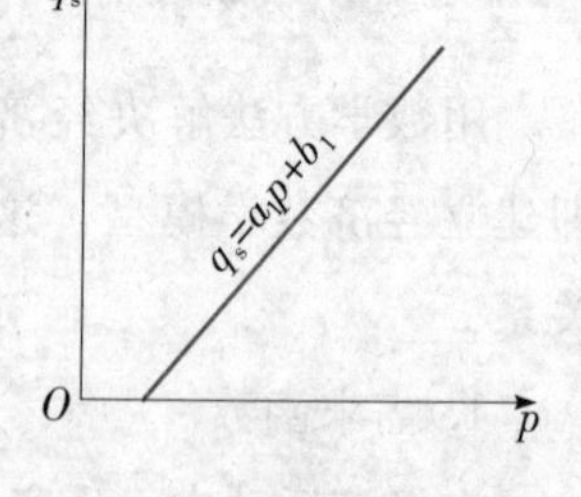

图 1—15 线性供给函数的图形

3. 市场均衡

对一种商品而言，如果需求量等于供给量，这种商品就达到了市场均衡. 由式（1.4）与（1.5）两个方程联立，可以得到

$$\begin{cases} q_d = ap + b \\ q_s = a_1 p + b_1 \end{cases}$$

利用市场均衡条件，即 $q_d=q_s$，得到

$$ap + b = a_1 p + b_1$$

经移项后整理得

$$(a - a_1)p = b_1 - b$$

从而解出 $p$，记为 $p_0$

$$p_0 = \frac{b_1 - b}{a - a_1}$$

我们称这个价格为该商品的**市场均衡价格**. 从图 1—16 中可以看出，分别表示需求函数和供给函数的两条直线的交点的横坐标 $p_0$，就是市场均衡价格. 当市场价格高于均衡价格时，供给量大于需求量，此时出现“供过于求”的现象，而当市场价格低于均衡价格时，需求量大于供给量，此时出现“供不应求”的现象.

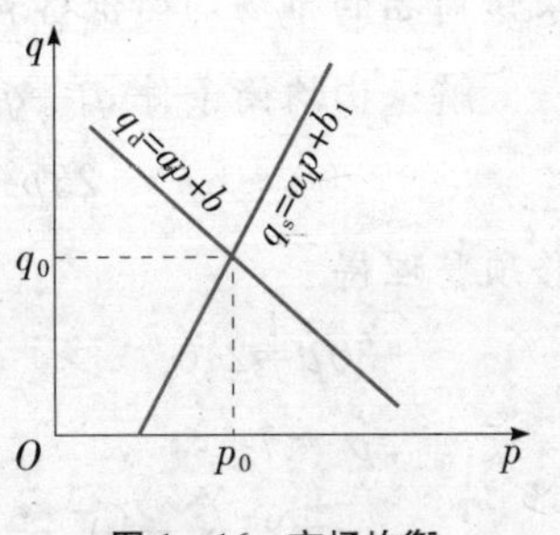

图 1—16　市场均衡

当市场均衡时，有 $q_d=q_s=q_0$，我们将 $q_0$ 称为**市场均衡数量**，利用式 (1.4)，有

$$q_0=ap_0+b$$

已知 $p_0=\dfrac{b_1-b}{a-a_1}$，可得

$$q_0=a\left(\frac{b_1-b}{a-a_1}\right)+b$$

$$=\frac{ab_1-ab+ab-a_1b}{a-a_1}$$

$$=\frac{ab_1-a_1b}{a-a_1}$$

根据市场的不同情况，常见的需求函数与供给函数还有二次函数、多项式函数（大于二次）、指数函数等. 但不管什么形式的需求函数与供给函数，它们的基本规律是相同的，都可以找到相应的市场均衡点 $(p_0,q_0)$.

需要说明，经济学上用几何图形描述需求函数和供给函数时，常常以横轴表示因变量 $q$，以纵轴表示自变量 $p$，这只是习惯不同，并不影响我们理解其经济含义.

例 1　某种商品的供给函数和需求函数分别为

$$q_s=25p-10$$

$$q_d=200-5p$$

求该商品的市场均衡价格和市场均衡数量.

**解** 由均衡条件 $q_d=q_s$，得

$$200-5p=25p-10$$

移项整理得

$$30p=210$$

故 $p_0=7$

$\because$ $q_0=25p_0-10$

$\therefore$ $q_0=165$

即市场均衡价格为 7，市场均衡数量为 165.

**例 2** 某种商品的需求函数是

$$q_d=-p^2+4p+12$$

而它的供给函数是

$$q_s=p^2-4$$

求市场均衡价格和市场均衡数量.

**解** 市场均衡的条件就是 $q_d=q_s$，因此有

$$p^2-4=-p^2+4p+12$$

整理得到

$$2p^2-4p-16=0$$

解此二次方程得 $p_1=4$，$p_2=-2$

显然，$p_2$ 不符合题意，故舍去. 因此有

$$p_0=p_1=4$$

$\because$ $q_0=p_0^2-4$

$\therefore$ $q_0=12$

即市场均衡价格为 4，市场均衡数量为 12.

4. 需求函数和供给函数的另一形式

前面讲过，消费者对某种商品的需求量受该商品市场价格的影响. 反过来，生产者对于某种商品的定价也要受到消费者对该商品的需求量的影响，也就是说商品的市场价格可以看作是市场需求量的函数，即

$$p=p(q)$$

这就是需求函数的另一种表达形式．一般来说，某种商品的市场价格 $p$ 随该商品的需求量的增加而下降．因为，从消费者购买商品追求效用的原则出发，增加对某种商品的需求量就需要它有较低的价格．

同样，我们也可以将市场价格 $p$ 看作某种商品供给量的函数．这就是供给函数的另一种表达形式．一般来说，价格 $p$ 随着供给量的增加而增加．因为生产者供给商品是为了获得利润，所以增加对某种商品的供给量就要求它有较高的价格．

**例 3** 某批发商每次以 160 元/台的价格将 500 台电扇批发给零售商，在这个基础上零售商每次多进 100 台电扇，则批发价相应降低 2 元，批发商最大批发量为每次1 000台，试将电扇批发价格表示为批发量的函数，并求出零售商每次进 800 台电扇时的批发价格．

**解** 由题意看出所求函数的定义域为 $[500,1\,000]$．已知每次多进 100 台，价格减少 2 元，设每次进电扇 $x$ 台，则每次批发价减少 $\frac{2}{100}(x-500)$ 元/台，即所求函数为

$$\begin{aligned}p&=160-\frac{2}{100}(x-500)\\&=160-\frac{2x-1\,000}{100}\\&=170-\frac{x}{50}\end{aligned}$$

当 $x=800$ 时，得

$$p=170-\frac{800}{50}=154\ (元/台)$$

即每次进 800 台电扇时的批发价格为 154 元/台．

回到本章开始时提出的问题，生产产品后卖出，当你花了钱，也得到了钱，你究竟赚到钱了没有？这就需要我们首先了解成本函数、收入函数和利润函数，以及它们之间的关系．

### 1.3.2 成本函数、收入函数和利润函数

下面我们分别来介绍这几个函数.

1. 成本函数

成本就是生产者用于生产商品的费用. 成本可分为两类：第一类是厂房、设备等固定资产的折旧，管理者的固定工资等等. 这一类成本的特点是短期内不发生变化，即不随商品产量的变化而变化，称为固定成本，用 $C_0$ 来表示；第二类是能源费用、原材料费用、劳动者的工资等等，这类成本的特点是随商品产量的变化而变化，称为变动成本，用 $C_1$ 表示. 这两类成本的总和就是生产者投入的总成本，用 $C$ 来表示，即

$$C=C_0+C_1 \tag{1.6}$$

在生产规模和能源、材料价格不变的条件下，$C_0$ 是常数，$C_1$ 是产量 $q$ 的函数，所以成本 $C$ 也是产量 $q$ 的函数，即

$$C=C_0+C_1(q)$$

这就是成本函数. 常见的成本函数有：

线性函数

$$C=C_0+aq$$

其中 $C_1=aq$.

二次函数

$$C=C_0+aq+bq^2$$

其中，$b\neq0$，$C_1=aq+bq^2$.

还有其他类型的成本函数. 它们共同的特点就是总成本随着产量的增加而增加，即成本是产量的增函数.

单从总成本无法看出生产者生产水平的高低，还要进一步考察单位商品的成本，即平均成本，记为 $\overline{C}$，即

$$\overline{C}=\frac{C(q)}{q} \tag{1.7}$$

我们称它为平均成本函数，其中 $C(q)$ 是总成本函数.

**例 4** 生产某种商品的总成本（单位为元）是

$$C(q)=500+2q$$

求生产50件这种商品时的总成本和平均成本.

**解** 生产50件商品时的总成本为

$$C(50)=500+2\times 50$$

$$=600\ (\text{元})$$

由于平均成本

$$\overline{C}=\frac{C(q)}{q}$$

$$=\frac{500}{q}+2$$

故生产50件商品时的平均成本为

$$\overline{C}=\frac{500}{50}+2=12(\text{元}/\text{件})$$

即生产50件商品的总成本为600元，而平均成本为12元/件.

2. 收入函数

收入是指生产者生产的商品售出后的收入，用 $R$ 表示. 生产者销售某种商品的总收入取决于该商品的销量和价格. 如果用 $p(q)$ 表示价格是销量的函数，那么收入函数就是

$$R(q)=qp(q) \tag{1.8}$$

除总收入外，还有平均收入，用 $\overline{R}$ 表示. 它是销售单位商品的收入，即

$$\overline{R}=\frac{R(q)}{q} \tag{1.9}$$

**例 5** 已知某种商品的需求函数是

$$q=200-5p$$

试求该商品的收入函数，并求出销售20件该商品时的总收入和平均收入.

**解** 由需求函数可得

$$5p=200-q$$

$$p=40-\frac{q}{5}$$

再由公式（1.8）可得该商品的收入函数为

$$R=q\left(40-\frac{q}{5}\right)$$
$$=40q-\frac{q^2}{5}$$

而

$$\overline{R}=\frac{R}{q}=40-\frac{q}{5}$$

由此可以得到销售 20 件该商品时的总收入和平均收入

$$R=40\times20-\frac{20^2}{5}=720$$

$$\overline{R}=40-\frac{20}{5}=36$$

对完全竞争条件下的市场，可以假定某种商品的价格 $p$ 是暂时不变的，那么该种商品的收入函数就可以表示为

$$R=pq \tag{1.10}$$

满足当 $q=0$ 时，$R=0$. 此时收入函数的图形用一条过原点的直线表示（如图 1—17 所示），这条直线的斜率就是商品的价格 $p$.

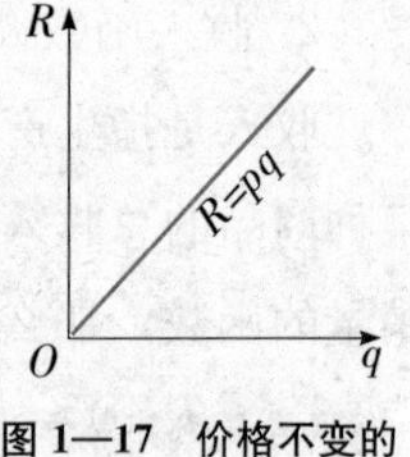


图 1—17　价格不变的收入函数

3. 利润函数

利润是生产者收入扣除成本后的剩余部分，用 $L$ 表示：

$$L=R-C$$

如果将成本 $C$ 与收入 $R$ 都看作是产量 $q$ 的函数，那么利润 $L$ 也是产量 $q$ 的函数.

$$L(q)=R(q)-C(q) \tag{1.11}$$

单位商品所获得的利润称为平均利润，用 $\overline{L}$ 来表示，即有

$$\overline{L}=\frac{L(q)}{q} \tag{1.12}$$

已知生产某种商品 $q$ 件时的总成本（单位为万元）为

$$C(q)=10+5q+0.2q^2$$

如果每售出一件该商品的收入为 9 万元．(1) 求该商品的利润函数和平均利润函数；(2) 求生产 10 件该商品时的总利润和平均利润；(3) 求生产 20 件该商品时的总利润.

**解** (1) 由题意可知，该商品的收入函数是

$$R(q)=9q(\text{万元})$$

又已知

$$C(q)=10+5q+0.2q^2(\text{万元})$$

由公式 (1.11) 可得该商品的利润函数为

$$\begin{aligned}L(q)&=R(q)-C(q)\\&=9q-(10+5q+0.2q^2)\\&=4q-10-0.2q^2(\text{万元})\end{aligned}$$

平均利润函数为

$$\overline{L}=\frac{L(q)}{q}=4-\frac{10}{q}-0.2q(\text{万元}/\text{件})$$

(2) 生产 10 件该商品时的总利润为

$$\begin{aligned}L(10)&=4\times10-10-0.2\times10^2\\&=10(\text{万元})\end{aligned}$$

此时的平均利润是

$$\begin{aligned}\overline{L}&=4-\frac{10}{10}-0.2\times10\\&=1(\text{万元}/\text{件})\end{aligned}$$

(3) 生产 20 件该商品时的总利润为

$$\begin{aligned}L(20)&=4\times20-10-0.2\times20^2\\&=-10(\text{万元})\end{aligned}$$

从这个例子，我们看到这样的现象，即利润并不总是随销售量的增加而增加的.

生产者提供商品的首要目的就是获取利润，决定生产规模的原则也

是获得最大的利润．对于生产者来说，成本总是随着产量的增加而增加的，然而收入即使假定为公式（1.10）的情形，也并不能保证生产者所获的利润随着产量的增加而增加．有时产量增加，利润反而下降，甚至会产生亏损．

由公式（1.11），可以将利润函数分三种情况讨论：

① $L(q)=R(q)-C(q)>0$，此时生产者盈利；② $L(q)=R(q)-C(q)<0$，此时生产者亏损；③ $L(q)=R(q)-C(q)=0$，此时生产者既不盈利，也不亏损，即收支相抵．我们将满足 $L(q)=0$ 的点 $q_0$ 称为**盈亏平衡点**（又称为**保本点**）．

盈亏分析常用于企业经营管理中各种定价或生产决策．下面先按两种情形来做一下分析：

（1）成本函数和收入函数都是线性函数，即

$$C=C_0+C_1q$$

$$R=pq$$

此时，$C_1$，$p$ 均为常数，成本函数和收入函数用两条直线来表示．当 $C_1<p$ 时，利用条件 $R=C$，在图 1—18 中找出它们的交点所对应的横坐标 $q_0$，$q_0$ 就是盈亏平衡点，$q<q_0$ 时亏损，$q>q_0$ 时盈利，且利润随产量的增加而增加．

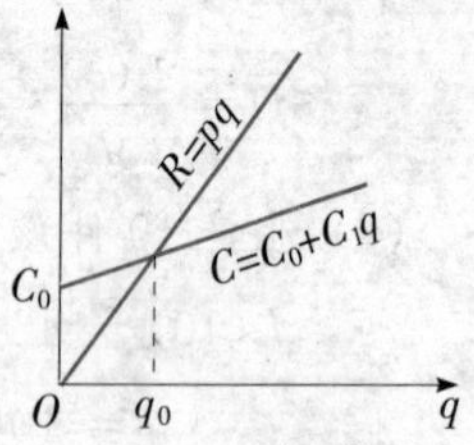

图 1—18　线性函数的盈亏平衡点

根据已知的成本函数和收入函数，由盈亏平衡条件 $R=C$，得到

$$pq=C_0+C_1q$$

由上式解出盈亏平衡点 $q_0$，即

$$q_0=\frac{C_0}{p-C_1}$$

它的实际意义就是

$$\text{盈亏平衡产量}=\frac{\text{固定成本}}{\text{价格}-\text{单位商品变动成本}}$$

$p-C_1$ 是单位商品所获的毛利润．因为此时利润函数为

$$L=R-C$$

$$= pq - C_0 - C_1 q$$
$$= (p - C_1)q - C_0$$

式中第一项 $(p-C_1)q$ 为总收入减去变动成本，称为**毛利润**（简称**毛利**），如果再减去固定成本，就是**纯利润**（简称**纯利**），也就是

纯利润＝单位商品毛利润×产量－固定成本

＝毛利润－固定成本

但是，成本与收入的直线也可能是图 1—19 中（实线）的情形，此时始终存在亏损，找不出盈亏平衡点. 在这种情况下，生产者面临两种选择：一是提高商品售价 $p$，以得到新的收入函数 $\tilde{R}$；一是降低单位商品的变动成本 $C_1$，以得到新的成本函数 $\tilde{C}$. 从图中（虚线）可以看出，经过调整后可以找到盈亏平衡点.

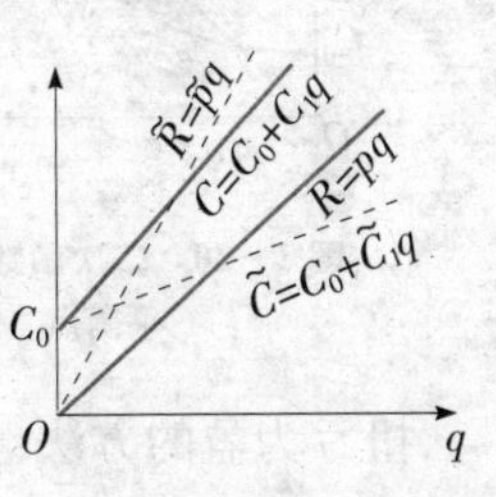


**图 1—19 从亏损到有盈亏平衡点**

第一种选择由于受到市场竞争的制约而不易实现，因为价格的上调可能会使商品失去市场. 第二种选择比较可行，例如采用新的工艺技术，降低原材料消耗，减少不必要的开支等等措施，都会降低单位商品的变动成本 $C_1$.

总之，从数学直观上看，两条直线有交点必须使 $p>C_1$，它的实际含意就是：生产者如果想获得毛利，单位商品售价必须高于单位商品的变动成本.

(2) 成本函数为二次函数，而收入函数为一次函数，即

$$C = C_0 + aq + bq^2$$
$$R = pq$$

其中 $a$，$b$ 均为常数，且 $b\neq 0$. 成本函数所代表的二次曲线和收入函数所代表的直线有两个交点（如图 1—20 所示）. 这两点满足 $R=C$，它们所对应的横坐标 $q_1$ 和 $q_2$ 就是两个盈亏平衡点. 当 $q<q_1$ 时亏损；当 $q_1<q<q_2$ 时盈利，并且在 $q_1$ 和 $q_2$ 之间的某一点利润达到最大（如何求出利润最大时所对应的产量，我们将在 4.3 节中讨论）；当 $q>q_2$ 时利润为负值，又出现亏损状态.

与第（1）种情况类似，成本 $C$ 与收入 $R$ 所代表的图形也可能会出现图 1—21 中实线的情形，这时无法找到盈亏平衡点.

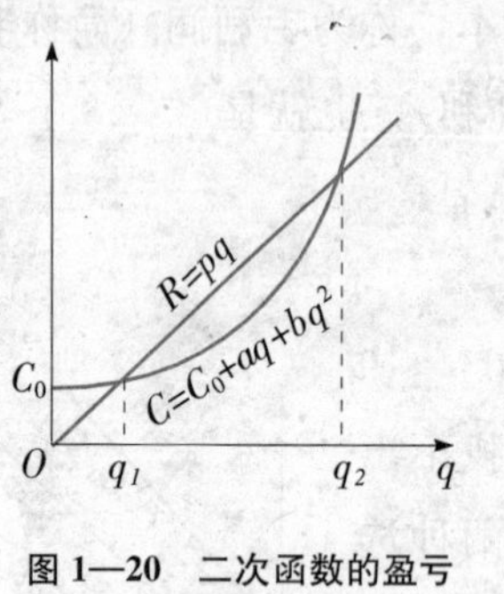


图 1—20　二次函数的盈亏平衡点

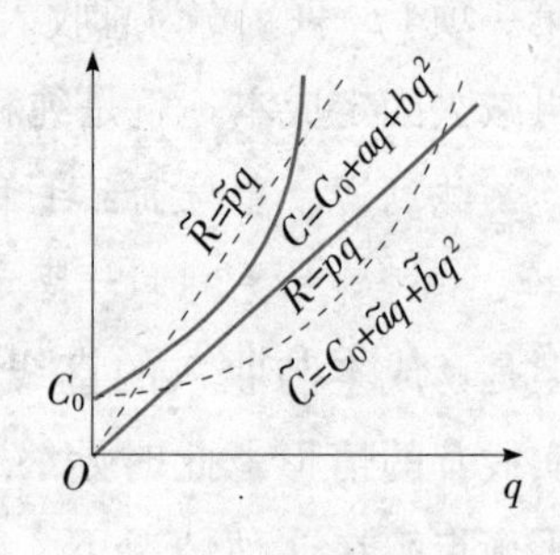


图 1—21　从亏损到有盈亏平衡点

扭亏为盈的方法也与第（1）种情况类似，生产者可以通过提高售价而得到新的收入函数 $\tilde{R}$，或降低变动成本而得到新的成本函数 $\tilde{C}$，重新找到两个盈亏平衡点（如图中虚线所示）.

**例 7**　某商品的成本函数与收入函数分别为

$$C=21+5q$$
$$R=8q$$

试求该商品的盈亏平衡点，并说明盈亏情况.

**解**　利用 $R=C$ 和已知条件得

$$8q=21+5q$$
$$q_0=7$$

即盈亏平衡点 $q_0$ 为 7. 当 $q<7$ 时亏损，当 $q>7$ 时盈利.

**例 8**　已知某商品的成本函数与收入函数分别是

$$C=12+3q+q^2$$
$$R=11q$$

试求该商品的盈亏平衡点，并说明盈亏情况.

**解**　利用 $L=0$ 和已知条件得

$$11q=12+3q+q^2$$

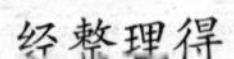

经整理得

$$q^2-8q+12=0$$

从而得到两个盈亏平衡点，分别为 $q_1=2$，$q_2=6$.

由利润函数

$$\begin{aligned}L(q)&=R(q)-C(q)\\&=11q-(12+3q+q^2)\\&=8q-12-q^2\\&=(q-2)(6-q)\end{aligned}$$

可以看出，当 $q<2$ 时亏损，$2<q<6$ 时盈利，而当 $q>6$ 时又转为亏损.

在日常生活中，还有许多与我们息息相关的话题，都可以用函数关系表示出来.

### 1.3.3 存款利息、个人收入所得税和住房贷款还贷

1. 存款利息

我们去银行存款时，可以看到这样的利率表（见表 1—2）：

**表 1—2　定期存款年利率表**

| 存期 | 3 个月 | 6 个月 | 1 年 | 2 年 | 3 年 | 5 年 |
| --- | --- | --- | --- | --- | --- | --- |
| 年利率（%） | 1.71 | 2.07 | 2.25 | 2.70 | 3.24 | 3.60 |

看到这张表后，我们知道当存款到期以后我们应得的利息是多少吗？根据目前的利息税率是固定的 20%，如果用 $i$ 表示利息，$p$ 表示本金，$n$ 表示存期，$r$ 表示利率，我们可以得出利息的计算公式为

$$i=pnr(1-20\%) \tag{1.13}$$

还有一种自动转存的存款方式，它的利息计算公式是

$$i=p[(1+nr)^{m+1}-1](1-20\%) \tag{1.14}$$

其中除 $m$ 是转存次数外，其他变量的含义与公式（1.13）相同.

**例 9** 如果将10 000元按以下两种方式存入银行，(1) 按 5 年定期存入；(2) 按 1 年定期存入，但到期自动转存. 假定存款利率不变，5

年后所得利息各应为多少?

**解** (1) 按照公式 (1.13), $p=10\,000$, $n=5$, $r=3.6\%$, 有

$$i=pnr(1-20\%)=10\,000\times5\times0.036\times0.8=1\,440(\text{元})$$

(2) 按照公式 (1.14), $p=10\,000$, $n=1$, $r=2.25\%$, $m=4$, 有

$$i=p[(1+nr)^{m+1}-1](1-20\%)$$
$$=10\,000\times[(1+0.022\,5)^5-1]\times0.8=941.42(\text{元})$$

即我们按 (1) 中方式存款应得利息 1 440 元, 而按 (2) 中方式存款应得利息 941.42 元.

2. 个人收入所得税

按照国家税法, 不仅在得到存款利息的同时要交纳 20%的所得税, 而且我们的工资和薪金也要交纳所得税. 那么如何计算工资、薪金应纳的税额呢? 按照税收"量能负担"原则, 充分发挥个人所得税调节收入分配的作用, 税法规定工资、薪金所得适用 5%~45%九级超额累进税率. 税率表见表 1—3.

**表 1—3　工资、薪金所得税税率表**

| 级数 | 全月应纳税所得额 | 税率 (%) |
|---|---|---|
| 1 | 不超过 500 元的 | 5 |
| 2 | 超过 500 元至 2 000 元的部分 | 10 |
| 3 | 超过 2 000 元至 5 000 元的部分 | 15 |
| 4 | 超过 5 000 元至 20 000 元的部分 | 20 |
| 5 | 超过 20 000 元至 40 000 元的部分 | 25 |
| 6 | 超过 40 000 元至 60 000 元的部分 | 30 |
| 7 | 超过 60 000 元至 80 000 元的部分 | 35 |
| 8 | 超过 80 000 元至 100 000 元的部分 | 40 |
| 9 | 超过 100 000 元的部分 | 45 |

表格第 2 列中所列的收入为超出所得税起征点部分的收入, 这样, 根据我们每人不同的工资、薪金收入, 应交税额是多少呢? 显然它应该由一个分段函数表示. 如果税法规定的工资、薪金所得税起征点为 1 600 元, 以工资、薪金收入在 1 000 元至 6 000 元的人群为例, 所得税的计算

公式是

$$y=\begin{cases}0, & x\leqslant 1\,600\\ 0.05(x-1\,600), & 1\,600<x\leqslant 2\,100\\ 25+0.1(x-2\,100), & 2\,100<x\leqslant 3\,600\\ 175+0.15(x-3\,600), & 3\,600<x\leqslant 6\,600\end{cases}\tag{1.15}$$

公式（1.15）中，$x$ 表示工资、薪金收入，$y$ 表示应交所得税税额，第 3 段中的常数 25 的含义是 500×5%，而第 4 段中的常数 175 的含义是 500×5%+1 500×10%.

**例 10** 如果甲、乙、丙、丁四个人的工资收入分别为 800 元、1 800 元、2 500元和6 000元，那么他们应交所得税的税额各为多少？

**解** 按照公式（1.15），有

$$y(800)=0(\text{元})$$
$$y(1\,800)=0.05\times(1\,800-1\,600)=10(\text{元})$$
$$y(2\,500)=25+0.1\times(2\,500-2\,100)=65(\text{元})$$
$$y(6\,000)=175+0.15\times(6\,000-3\,600)=535(\text{元})$$

即甲不用交税，乙、丙、丁三个人应交所得税的税额各为 10 元、65 元和 535 元.

从上例可以看出，甲、乙、丙、丁四个人的实际工资收入分别为 800 元、1 790元、2 435元和5 465元.

3. 住房贷款还贷

现在个人购买商品住房可以向银行贷款，在这期间应该以怎样的方式偿还贷款呢？目前个人购房贷款的还贷方式主要有两种，一种是等额本息还款法，即借款人每月以相等的金额偿还贷款本息，又称等额法. 它的还款额计算公式是

$$s=\frac{pr(1+r)^m}{(1+r)^m-1}\tag{1.16}$$

公式（1.16）中，$s$ 表示每月还款额，$p$ 表示贷款本金，$r$ 表示月利率，$m$ 表示还款期数.

另一种是等额本金还款法，即借款人每月等额偿还本金，贷款利息随本金逐月递减，还款额逐月递减，因此又称递减法．它的还款额计算公式是

$$s_n=\frac{p}{m}+\left[p-(n-1)\ \frac{p}{m}\right]r \tag{1.17}$$

公式（1.17）中，$s_n$ 表示第 $n$ 个月（$n=1, 2, \cdots, m$）的还款额，$p$ 表示贷款本金，$r$ 表示月利率，$m$ 表示还款期数，$(n-1)\ \dfrac{p}{m}$ 表示第 $n$ 次还款时的累计已还本金．

**例 11** 某借款人从银行获得一笔 20 万元的个人住房贷款，贷款期限 20 年，贷款月利率 4.2‰，每月还本付息．按照两种不同的还贷方式，在第 1 个月和最后 1 个月的还款额各为多少？

**解** 如果按照等额本息还款方式，由公式（1.16），有

$$\begin{aligned}s&=\frac{pr(1+r)^m}{(1+r)^m-1}\\&=\frac{200\ 000\times 0.004\ 2\times(1+0.004\ 2)^{240}}{(1+0.004\ 2)^{240}-1}=1\ 324.33(\text{元})\end{aligned}$$

如果按照等额本金还款方式，由公式（1.17），有

$$\begin{aligned}s_1&=\frac{p}{m}+pr=\frac{200\ 000}{240}+200\ 000\times 0.004\ 2\\&=833.33+840=1\ 673.33(\text{元})\\s_{240}&=\frac{p}{m}+\left[p-(n-1)\ \frac{p}{m}\right]r\\&=\frac{200\ 000}{240}+\left[200\ 000-(240-1)\times\frac{200\ 000}{240}\right]\times 0.004\ 2\\&=833.33+3.5=836.83(\text{元})\end{aligned}$$

可以看出，按照等额本息还款方式，每月还款额相同．而按照等额本金还款方式，每月还款额在逐月递减，因为按后一种还款方式，每月归还本金额相同，都是 833.33 元，而利息随着本金余额的递减而递减．

如果不考虑时间因素，将每月还本付息额简单累加，在整个还款期

内，等额本息还款方式下借款人共付利息117 856元，而等额本金还款方式共付利息101 212元，两者相比，等额本金还款方式下少付16 644元的利息.

## 简单练习 1.3

1. 市场中某种商品的需求函数为

$$q_{\mathrm{d}}=25-p$$

而该种商品的供给函数为

$$q_{\mathrm{s}}=\frac{20}{3}p-\frac{40}{3}$$

试求该商品的市场均衡价格和市场均衡数量.

2. 设某商品的成本函数是线性函数，并已知产量为零时成本为 100 元，产量为 100 时成本为 400 元. 试求：(1) 成本函数和固定成本；(2) 产量为 200 时的总成本和平均成本.

3. 设某商品的需求函数为

$$q=1\,000-5p$$

试求该商品的收入函数 $R(q)$，并求销售量为200件时的总收入.

4. 设某商品的成本函数和收入函数分别为

$$C(q)=7+2q+q^2$$

$$R(q)=10q$$

试求：(1) 该商品的利润函数；(2) 销量为 4 时的总利润及平均利润；(3) 销量为 10 时是盈利还是亏损?

## 习题 1

1. 求下列函数的定义域.

(1) $y=\dfrac{1}{\ln(x+1)}$；　　(2) $y=\dfrac{1}{4-x^2}+\sqrt{x-1}$.

2. 已知函数 $f(x)=x^2+2$，求 $f(x+1)$，$f(x-1)$ 及 $f\left(\frac{1}{x}\right)$.

3. 设 $f(x)=\begin{cases} x^2-x+1, & x\geqslant 0, \\ 1-x, & x<0, \end{cases}$ 求 $f(1)$，$f(-2)$ 及 $f(0)$.

4. 在直角坐标系中作出下列函数的图形.

(1) $y=x^2-6x+9$；

(2) $y=2^x+1$；

(3) $y=\ln(x+1)$.

5. 根据已给函数 $y=3x^2-2x+1+x^3$，完成表 1—4，并用一条光滑的曲线联结各点.

**表 1—4**

| $x$ | $-4$ | $-3$ | $-2$ | $-1.5$ | $-1$ | $-0.5$ | $0$ | $0.5$ | $1$ | $1.5$ | $2$ |
|---|---|---|---|---|---|---|---|---|---|---|---|
| $y$ | | | | | | | | | | | |

认真观察你所画出的图形，写出图形与 $x$ 轴的交点坐标.

6. 下列各对函数是否相同？为什么？

(1) $f(x)=\ln x^2$，$g(x)=2\ln x$；

(2) $f(x)=\sqrt{x^2}$，$g(x)=|x|$；

(3) $f(x)=\dfrac{x^2-5x+6}{x-3}$，$g(x)=x-2$.

7. 将下列复合函数分解为基本初等函数的复合运算或四则运算.

(1) $y=e^{\sqrt{x}}$；　(2) $y=\sqrt{\ln(x+1)}$；　(3) $y=\lg(\lg x)$.

8. 将下列各题中的 $y$ 表示成 $x$ 的函数.

(1) $y=u^3$，$u=\cos v$，$v=e^x$；

(2) $y=\ln u$，$u=\sqrt[3]{v}$，$v=1+x^2$.

9. 生产者向市场提供某种商品的供给函数为

$$q_s=\frac{p}{2}-96$$

而该商品的需求量满足

$$q_d=204-p$$

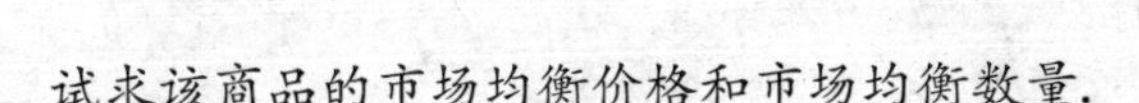

试求该商品的市场均衡价格和市场均衡数量.

10. 某人现有5 000元人民币存入银行，假设储蓄的1年期、3年期和5年期利率分别为2.25%、3.24%、3.60%，试求：

(1) 按单利分别计算，1年、3年和5年后的利息分别为多少?

(2) 按一年自动转存，分别计算3年和5年后的利息为多少?

11. 根据2006年1月1日起执行的新的个人所得税政策，起征点将提高到月收入为1 600元，根据个人所得税税率表1—5（工资、薪金所得适用），试列出个人收入在3 600元以内者交纳个税的税额和税后的实际收入.（提示：以税前收入为自变量 $x$，税额或税后收入为因变量 $y$，分别写出分段函数表达式.）

表1—5 工资、薪金所得税税率表

| 级数 | 全月应纳税所得额 | 税率（%） |
|---|---|---|
| 1 | 不超过500元的 | 5 |
| 2 | 超过500元至2 000元的部分 | 10 |
| 3 | 超过2 000元至5 000元的部分 | 15 |
| 4 | 超过5 000元至20 000元的部分 | 20 |
| 5 | 超过20 000元至40 000元的部分 | 25 |
| 6 | 超过40 000元至60 000元的部分 | 30 |
| 7 | 超过60 000元至80 000元的部分 | 35 |
| 8 | 超过80 000元至100 000元的部分 | 40 |
| 9 | 超过100 000元的部分 | 45 |

12. 某商品的成本函数（单位为元）为

$$C(q)=81+3q$$

其中 $q$ 为该商品的数量.

(1) 如果商品的售价为12元/件，该商品的保本点是多少?

(2) 售价为12元/件时，售出10件商品时的利润为多少?

(3) 该商品的售价为什么不应定为2元/件?

13. 设某商品的成本函数和收入函数分别为

$$C(q)=18-7q+q^2$$

$R(q)=4q$

试求：(1) 该商品的盈亏平衡点；(2) 销量为 5 时的利润；(3) 销量为 10 时是盈利还是亏损?

14. 假定借款人从银行获得一笔 20 万元的个人住房贷款，贷款期限为 10 年，贷款月利率为 4.2‰，(1) 试用等额本息还款法计算每月还款额和共付利息总额；(2) 写出等额本金还款法的月还款额公式.

# 第2章

# 效用问题与导数方法

## 你会吃几颗巧克力？

消费是为了得到物质和精神上的满足. 入时衣着、美味食品都能给人以满足，这种满足在经济学上称为效用. 生活中的经验告诉我们，消费每一单位商品时所产生的效用是不同的. 对一个喜欢吃巧克力的人来讲，有一个实验表明，吃一颗（一个单位）巧克力的总效用为35，吃两颗巧克力的总效用为60，吃三颗巧克力的总效用为75，吃四颗巧克力的总效用为80，吃五颗巧克力的总效用为75. 由简单的观察和计算可知，从吃第一颗巧克力到吃第五颗巧克力，每多吃一颗巧克力，它产生的效用增加量分别是25，15，5，−5，呈递减的趋势，换句话说，如果吃了四颗巧克力后再吃第五颗、第六颗的话，总效用不但不会增加，反而会减少，也就是说不再会得到更多的满足了. 那么请问，换了你，你会吃几颗巧克力?

要回答“吃几颗巧克力”的问题实际上是要研究吃巧克力的效用变化问题，我们首先需要学习导数的概念.

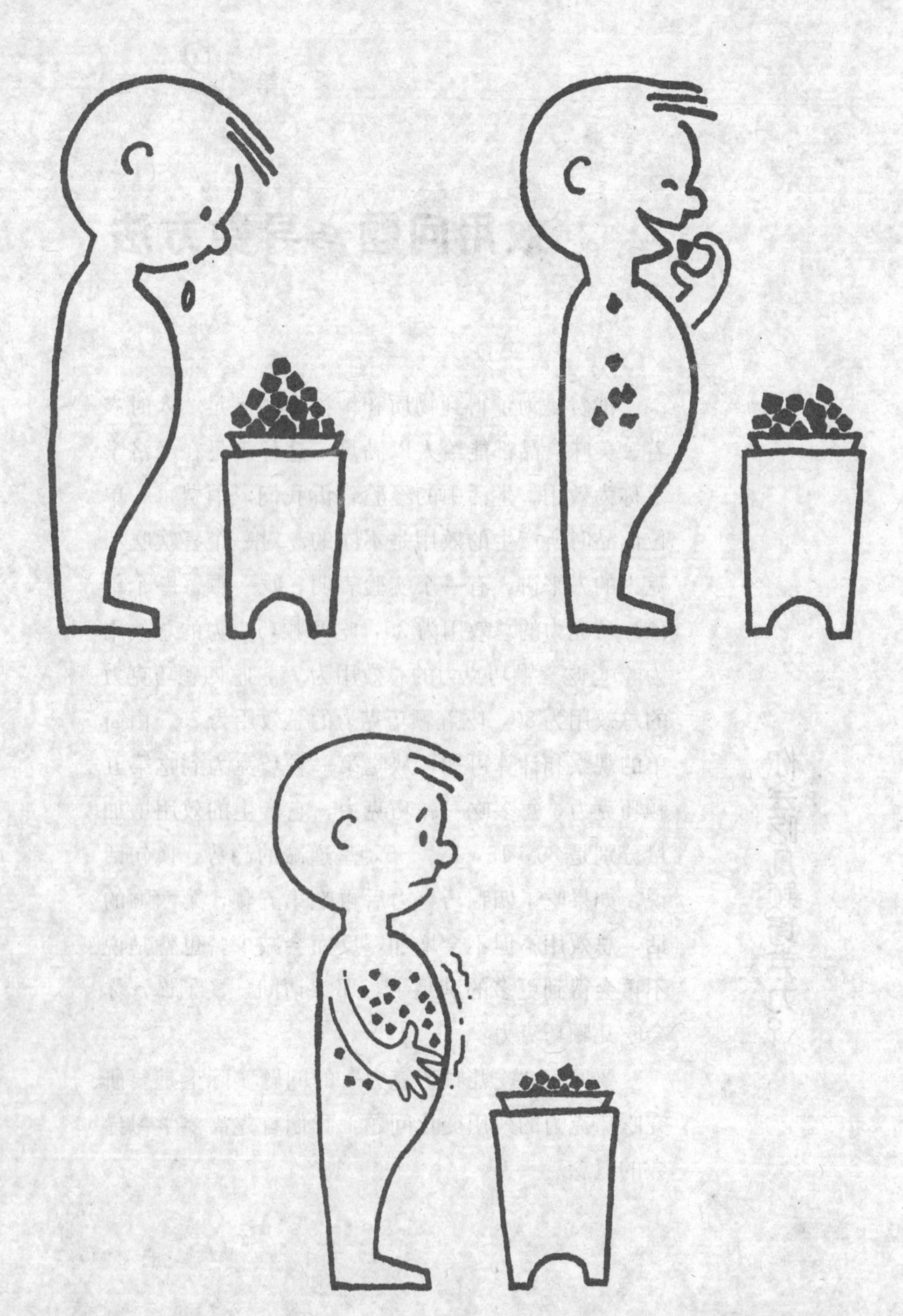

我们知道交通工具的运动速度是它们工作效能的重要指标，城市人口增长速度是社会经济统计的重要指标，量的变化速度可以用微积分中的导数给予精确的描述，有了导数的概念和计算，对函数性质的研究就有了有力的工具，导数能够应用到自然科学、社会科学及经济管理领域等各个方面.

# 2.1 导数的概念

本节主要介绍微积分中的几个重要概念：导数、微分、极限、连续.而导数这个概念的引入也是来自我们的日常生活实践.

我们先看一个日常生活中的实际问题.

我们经常要乘汽车到单位上班，假如住所到单位的距离是30km，汽车大约需要行驶40min，可以推断出汽车行驶的平均速度为45km/h，这是用匀速运动公式（$v=\frac{s}{t}$，其中$s$表示路程，$t$表示时间）计算出来的.然而，在实际问题中，由于行驶中的路况不同，汽车经常是时快时慢地在做变速运动，若要知道汽车行驶到第20min时的速度为多少，显然，用45km/h作为答案是不合适的.那么如何确定汽车此时的速度呢？可以设想一下，汽车运动的速度应该是连续的，在时间间隔不大的时候，速度的变化也不会太大.于是可试着采用下面的方法进行讨论：假设汽车行驶的路程为$s$，时间为$t$，且$s$是$t$的函数$s=s(t)$，汽车从时刻$t_0$再行驶一个较短的时间$\Delta t$，即从$t_0$变化到$t_0+\Delta t$，相应地，汽车在这段时间经过的路程为

$$\Delta s=s(t_0+\Delta t)-s(t_0)$$

因此这时的平均速度是

$$\bar{v}=\frac{\Delta s}{\Delta t}=\frac{s(t_0+\Delta t)-s(t_0)}{\Delta t}$$

由于汽车是在变速行驶，它在每一时刻的速度可能是不相同的，但是，

当时间间隔较短时，可以认为速度的变化也很小，也就是说，这个平均速度可以近似地等于 $t_0$ 时刻的瞬时速度．而且 $\Delta t$ 越小，近似的程度就越高．自然地，令 $\Delta t \to 0$，对以上的平均速度取极限，若极限值为 $v$，则得

> **提示**
>
> “$\lim\limits_{\Delta x\to 0}$”将在第 2.1.2 节中讲到

$$v=\lim_{\Delta t\to 0}\frac{\Delta s}{\Delta t}=\lim_{\Delta t\to 0}\frac{s(t_0+\Delta t)-s(t_0)}{\Delta t}$$

这个极限就是汽车在 $t_0$ 时刻的瞬时速度．换言之，$\Delta t$ 时间内，汽车平均速度的极限（即时间极短，几乎就是一瞬间时）就是 $t_0$ 时刻的瞬时速度．由两个变量的改变量之比 $\frac{\Delta s}{\Delta t}$ 表示的式子$\frac{s(t_0+\Delta t)-s(t_0)}{\Delta t}$，在数学中具有很典型的意义，因为对于一般函数 $y=f(x)$，我们可以由式子 $\frac{f(x_0+\Delta x)-f(x_0)}{\Delta x}$ 抽象出微积分中的重要概念——导数．

### 2.1.1 导数的概念

前面我们说了由式子 $\frac{f(x_0+\Delta x)-f(x_0)}{\Delta x}$ 抽象出微积分中的重要概念——导数，下面我们就给出导数的定义，并由导数的概念引出微分的定义．

1．导数的定义

**定义 2.1**

设函数 $y=f(x)$ 在点 $x_0$ 的某个邻域内有定义，当自变量 $x$ 在点 $x_0$ 处取得改变量 $\Delta x(\Delta x\neq 0)$ 时，函数 $y$ 取得相应的改变量

$$\Delta y=f(x_0+\Delta x)-f(x_0)$$

若当 $\Delta x\to 0$ 时，两个改变量之比$\frac{\Delta y}{\Delta x}$ 的极限

$$\lim_{\Delta x\to 0}\frac{\Delta y}{\Delta x}=\lim_{\Delta x\to 0}\frac{f(x_0+\Delta x)-f(x_0)}{\Delta x}$$

存在，则称函数 $y=f(x)$ 在点 $x_0$ 处可导，并称此极限值为函数 $y=f(x)$ 在点 $x_0$ 处的**导数**，记为

$$f'(x_0), y'|_{x=x_0} \text{或} \left.\frac{\mathrm{d}f}{\mathrm{d}x}\right|_{x=x_0}, \left.\frac{\mathrm{d}y}{\mathrm{d}x}\right|_{x=x_0}$$

即

$$f'(x_0)=\lim_{\Delta x\to 0}\frac{\Delta y}{\Delta x}=\lim_{\Delta x\to 0}\frac{f(x_0+\Delta x)-f(x_0)}{\Delta x} \tag{2.1}$$

若 (2.1) 式中极限不存在，则称函数 $y=f(x)$ 在点 $x_0$ 处不可导.

如果函数 $y=f(x)$ 在区间 $(a,b)$ 内每一点都可导，则称函数 $y=f(x)$ 在区间 $(a,b)$ 内可导．这时，对于区间 $(a,b)$ 内每一个 $x$，都有一个导数值 $f'(x)$ 与之相对应，那么 $f'(x)$ 也是 $x$ 的一个函数，称其为函数 $y=f(x)$ 在区间 $(a,b)$ 内的导函数，简称为导数，记为

$$f'(x), y', \frac{\mathrm{d}f}{\mathrm{d}x} \text{或} \frac{\mathrm{d}y}{\mathrm{d}x}$$

将 (2.1) 式中的 $x_0$ 换成 $x$，则

$$f'(x)=\lim_{\Delta x\to 0}\frac{\Delta y}{\Delta x}=\lim_{\Delta x\to 0}\frac{f(x+\Delta x)-f(x)}{\Delta x} \tag{2.2}$$

函数 $y=f(x)$ 在点 $x_0$ 处的导数 $f'(x_0)$ 是其导函数 $f'(x)$ 在点 $x_0$ 处的函数值，即

$$f'(x_0)=f'(x)|_{x=x_0}$$

函数 $y=f(x)$ 在闭区间 $[a,b]$ 上可导是指 $y=f(x)$ 在开区间 $(a,b)$ 内处处可导,且在左端点 $a$ 右可导,在右端点 $b$ 左可导.

利用导数的定义，可以得到一些函数的导数.

**例 1** 求函数 $y=x^2$ 在 $x=2$ 处的导数.

**解** 在 $x=2$ 处，由 (2.1) 式得

$$f'(2)=\lim_{\Delta x\to 0}\frac{f(2+\Delta x)-f(2)}{\Delta x}=\lim_{\Delta x\to 0}\frac{(2+\Delta x)^2-2^2}{\Delta x}$$

$$=\lim_{\Delta x\to 0}\frac{2^2+4\Delta x+(\Delta x)^2-2^2}{\Delta x}=\lim_{\Delta x\to 0}(4+\Delta x)=4$$

**例 2** 求函数 $y=f(x)=\sqrt{x}$ 的导数 $f'(x)$，并求 $f'(1)$.

**解** $\Delta y=\sqrt{x+\Delta x}-\sqrt{x}$

$$f'(x)=\lim_{\Delta x\to 0}\frac{\Delta y}{\Delta x}=\lim_{\Delta x\to 0}\frac{\sqrt{x+\Delta x}-\sqrt{x}}{\Delta x}$$

$$=\lim_{\Delta x\to 0}\frac{(\sqrt{x+\Delta x}-\sqrt{x})(\sqrt{x+\Delta x}+\sqrt{x})}{\Delta x(\sqrt{x+\Delta x}+\sqrt{x})}$$

$$=\lim_{\Delta x\to 0}\frac{x+\Delta x-x}{\Delta x(\sqrt{x+\Delta x}+\sqrt{x})}=\lim_{\Delta x\to 0}\frac{\Delta x}{\Delta x(\sqrt{x+\Delta x}+\sqrt{x})}$$

$$=\frac{1}{2\sqrt{x}}.$$

$$f'(1)=f'(x)|_{x=1}=\frac{1}{2\sqrt{x}}\bigg|_{x=1}=\frac{1}{2}$$

**例 3** 设 $y=C$(常数函数),求 $y'$.

**解** 因为 $\Delta y=C-C=0$

$$\lim_{\Delta x\to 0}\frac{\Delta y}{\Delta x}=0$$

所以，$y'=(C)'=0$.

2. 微分的概念

微分是微积分中又一基本概念，它与导数有着密切和直接的关系.微分在研究由于自变量的微小变化而引起函数变化的近似计算等问题中起着重要的作用.

我们已经知道，导数讨论的是由自变量 $x$ 的变化引起函数 $y$ 的变化的快慢程度（变化率），即当 $\Delta x\to 0$ 时,比值$\frac{\Delta y}{\Delta x}$的极限.在许多问题中,由于函数比较复杂，使得当自变量取得一个微小改变量 $\Delta x$ 时,相应的函数改变量 $\Delta y$ 的计算也比较复杂.这就引发了人们考虑能否借助 $\frac{\Delta y}{\Delta x}$ 的极限（即导数）及 $\Delta x$ 来近似地表达 $\Delta y$,即若 $\Delta x\to 0$ 时,比值$\frac{\Delta y}{\Delta x}$的极限为 $\alpha$,则有$\frac{\Delta y}{\Delta x}\approx\alpha$，于是 $\Delta y\approx\alpha\Delta x$.由此我们引出微分的概念.

定义 2.2

设函数 $y=f(x)$ 在点 $x_0$ 处可导，$\Delta x$ 是自变量 $x$ 的改变量，称 $f'(x_0)\Delta x$ 为函数 $y=f(x)$ 在点 $x_0$ 处的**微分**，记作

$$\mathrm{d}y\Big|_{x=x_0}$$

即

$$\mathrm{d}y\Big|_{x=x_0}=f'(x_0)\Delta x \tag{2.3}$$

并称函数 $f(x)$ 在点 $x_0$ 处可微．

对于函数 $y=f(x)$ 在任意点 $x$ 的微分，有

$$\mathrm{d}y=f'(x)\Delta x \tag{2.4}$$

当 $y=f(x)=x$ 时，由式(2.4)可得 $\mathrm{d}x=x'\Delta x=1\cdot\Delta x=\Delta x$，可见，自变量 $x$ 的微分 $\mathrm{d}x$ 即为其改变量 $\Delta x$，那么式(2.4)也可以改写为

$$\mathrm{d}y=f'(x)\mathrm{d}x \tag{2.5}$$

于是函数改变量 $\Delta y$ 可以近似地表示为

$$\Delta y\approx \mathrm{d}y=f'(x)\mathrm{d}x$$

由上可知，无论是求函数的导数还是微分，都可归结到求函数的极限问题上，并且“$\lim\limits_{\Delta x\to 0}$”是极限的符号，那么函数的极限究竟是什么呢？如何进行计算呢？为此我们需要在这里引进极限的概念．

### 2.1.2 极限的概念

本节我们引入函数的极限、左极限和右极限、无穷小量等基本概念，并介绍极限的一些计算方法．

1. 函数的极限

对于函数 $f(x)$ 的极限，根据自变量的变化过程可分为以下两种情形：

(1) 自变量趋于无穷的情形

如果自变量 $x$ 取正值且无限制地变大，这个过程记为 $x\to+\infty$，如果

自变量 $x$ 取负值且绝对值无限制地变大,这个过程记为 $x\to-\infty$,如果自变量 $x$ 的绝对值无限制地变大而它的符号不作限制,这个过程记为 $x\to\infty$. 在自变量 $x$ 的三种不同的变化过程中,分别考察对应函数值的变化趋势,这时,如果 $f(x)$ 无限地趋于某一个固定的常数 $A$,则称 $f(x)$ 在 $x\to+\infty$(或 $x\to-\infty$,$x\to\infty$)时,以 $A$ 为极限.

**例 4** 证明:$\lim\limits_{x\to\infty}\left(1+\dfrac{1}{x}\right)=1$.

**证明** 这个结果由图 2—1 可见,当自变量 $x$ 的绝对值无限变大时,对应的函数值 $f(x)=1+\dfrac{1}{x}$ 与数值 1 无限地靠近,而且他们之间的距离要多小就有多小.

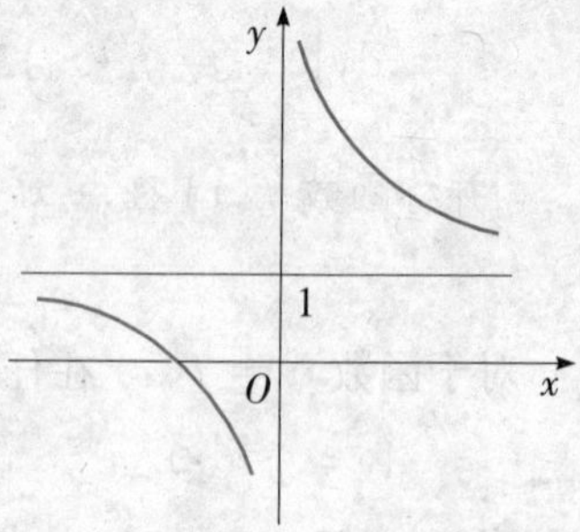

由图还可见

$$\lim_{x\to+\infty}\left(1+\frac{1}{x}\right)=1,$$

$$\lim_{x\to-\infty}\left(1+\frac{1}{x}\right)=1.$$

图 2—1 函数 $y=1+\dfrac{1}{x}$ 的图形

(2) 自变量趋于有限值 $x_0$ 的情形

我们通过下面的例子引进函数极限的直观描述.

**例 5** 讨论当 $x\to2$ 时,函数 $y=x^2$ 的变化趋势.

**解** 函数 $y=x^2$ 的图形如图 2—2,它是顶点在原点,开口朝上的抛物线,可以看到,当 $x\to2$时,函数值 $f(x)$ 无限地趋近于 $2^2$,说明当 $x\to2$ 时,$y=x^2$ 趋近于 $2^2$.

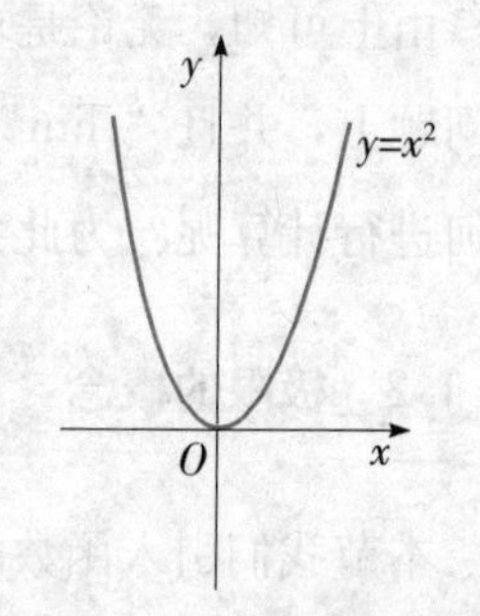


图 2—2 函数 $y=x^2$ 的图形

**例 6** 讨论当 $x\to1$ 时,函数 $y=\dfrac{x^2-1}{x-1}$的变化趋势.

**解** 此函数在 $x=1$ 处无定义,我们通过列表考察在 $x=1$ 附近的变化趋势,见表 2—1:

表 2—1

| $x$ | $\frac{x^2-1}{x-1}$ |
| --- | --- |
| 0.9 | 1.9 |
| 0.99 | 1.99 |
| 0.999 | 1.999 |
| 1 | 不存在 |
| 1.001 | 2.001 |
| 1.01 | 2.01 |
| 1.1 | 2.1 |

从表中可以看出，当 $x$ 趋于 1 时，函数 $f(x)$ 趋于 2.

从图 2—3 上也可以观察到当 $x$ 趋于 1 时，函数 $f(x)$ 与数值 2 的距离非常小，而且可以要多小就有多小，于是我们称，当 $x$ 趋于 1 时，函数 $f(x)$ 是趋于 2 的．

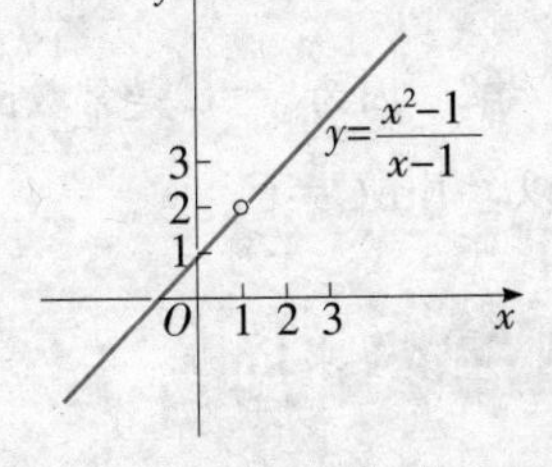


图 2—3　函数 $y=\frac{x^2-1}{x-1}$ 的图形

一般地，如果自变量 $x$ 无限接近某一个 $x_0$ 时，函数 $f(x)$ 有趋近于某个常数的变化趋势，就称函数 $f(x)$ 在 $x_0$ 处有极限．

**定义 2.3**

设函数 $f(x)$ 在点 $x_0$ 的某个邻域内（点 $x_0$ 可以除外）有定义，如果当 $x$ 无限地趋近于 $x_0$（但 $x \neq x_0$）时，函数 $f(x)$ 无限地趋近于某个固定常数 $A$，则称当 $x$ 趋于 $x_0$ 时，$f(x)$ 以 $A$ 为极限，记作

$$\lim_{x \to x_0} f(x) = A，或 f(x) \to A(x \to x_0)$$

若自变量 $x$ 趋近于 $x_0$ 时，函数 $f(x)$ 没有一个固定的变化趋势，则称函数 $f(x)$ 在点 $x_0$ 处没有极限．

由定义 2.3 可知，函数 $y=x^2$，当 $x \to 2$ 时有极限存在；$y=\frac{x^2-1}{x-1}$，

当 $x\to 1$ 时有极限存在，即

$$\lim_{x\to 2}x^2=4,\lim_{x\to 1}\frac{x^2-1}{x-1}=2,$$

而$\lim\limits_{x\to 0}\frac{1}{x}$不存在（见图 2—4）.

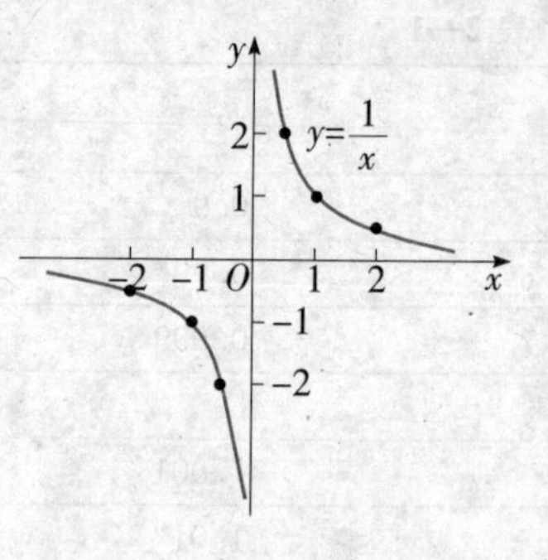


图 2—4　函数 $y=\frac{1}{x}$ 的图形

由上述的例子可以看出，极限的实质是描述函数在自变量的某个变化过程中，是否有一个确定的变化趋势，有则是有极限，否则就是没有极限.

**例 7**　求$\lim\limits_{x\to x_0}C$.

**解**　因为 $y=C$ 是常数函数，无论自变量如何变化，函数 $y$ 始终为常数 $C$. 所以，$\lim\limits_{x\to x_0}C=C$.

**例 8**　求$\lim\limits_{x\to x_0}x$.

**解**　因为 $y=x$，当 $x\to x_0$ 时，有 $y=x\to x_0$

所以，$\lim\limits_{x\to x_0}x=x_0$.

2. 左极限和右极限

前面讨论当 $x\to x_0$ 时，$f(x)$ 的极限是自变量 $x$ 从 $x_0$ 的左、右两侧趋近于 $x_0$ 的，但是，有时我们只需要或只能知道 $x$ 从 $x_0$ 左侧（$x<x_0$）或 $x$ 从 $x_0$ 的右侧（$x>x_0$）趋近于 $x_0$ 时，函数 $f(x)$ 的变化趋势. 例如，函数 $y=\sqrt{x}$ 的定义域为 $[0,+\infty)$，在 $x=0$ 处，自变量 $x$ 只能从 0 的右侧趋近于 0，又如分段函数

$$f(x)=\begin{cases}x, x<0\\1, x\geqslant 0\end{cases}$$

在 $x=0$ 处的左、右两侧的表达式不同，在考察 $x\to 0$，函数 $f(x)$ 的极限时，无法用同一个式子表示，必须分别考察 $x<0$ 且 $x\to 0$ 和 $x>0$ 且 $x\to 0$ 两种情形下函数的变化趋势.

由此，我们就引出了左、右极限的概念.

**定义 2.4**

设函数 $f(x)$ 在点 $x_0$ 的某个邻域内（点 $x_0$ 可以除外）有定义，如果当 $x<x_0$ 且 $x$ 无限地趋近于 $x_0$（即 $x$ 从 $x_0$ 的左侧趋近于 $x_0$，记为 $x\to x_0^-$）时，函数 $f(x)$ 无限地趋近于某个固定常数 $A$，则称当 $x$ 趋于 $x_0$ 时，$f(x)$ 以 $A$ 为左极限，记作

$$\lim_{x\to x_0^-}f(x)=A$$

如果当 $x>x_0$ 且 $x$ 无限地趋近于 $x_0$（即 $x$ 从 $x_0$ 的右侧趋近于 $x_0$，记为 $x\to x_0^+$）时，函数 $f(x)$ 无限地趋近于某个固定常数 $A$，则称当 $x$ 趋于 $x_0$ 时，$f(x)$ 以 $A$ 为右极限，记作

$$\lim_{x\to x_0^+}f(x)=A$$

**例 9** 设函数

$$f(x)=\begin{cases}x, x<0\\1, x\geqslant 0,\end{cases}\ 求 \lim_{x\to 0^-}f(x) 和 \lim_{x\to 0^+}f(x).$$

**解** 因为 $f(x)$ 为分段函数，且 $x=0$ 是它的分段点，当 $x$ 从 0 的左侧趋近于 0（即 $x<0$ 且 $x\to 0$）时，由 $f(x)=x$，知 $f(x)$ 在 $x=0$ 处的左极限为

$$\lim_{x\to 0^-}f(x)=\lim_{x\to 0^-}x=0$$

当 $x$ 从 0 的右侧趋近于 0（即 $x>0$ 且 $x\to 0$）时，由 $f(x)=1$，知 $f(x)$ 在 $x=0$ 处的右极限为

$$\lim_{x\to 0^+}f(x)=\lim_{x\to 0^+}1=1.$$

由定义 2.3 和定义 2.4 不难得到以下重要定理：

**定理 2.1**

当 $x\to x_0$ 时，函数 $f(x)$ 极限存在的充分必要条件是当 $x\to x_0$ 时，函数 $f(x)$ 的左、右极限都存在且相等，即

$$\lim_{x\to x_0}f(x)=A\Leftrightarrow \lim_{x\to x_0^-}f(x)=\lim_{x\to x_0^+}f(x)=A$$

由此可知，例 9 中 $f(x)$ 在 $x=0$ 处没有极限 .

因为导数是由极限来定义的，极限中有左、右极限的概念，相应的导数中也有左、右导数的概念，即极限

$$\lim_{\Delta x\to 0^-}\frac{\Delta y}{\Delta x}=\lim_{\Delta x\to 0^-}\frac{f(x_0+\Delta x)-f(x_0)}{\Delta x}=f'_-(x_0)$$

$$\lim_{\Delta x\to 0^+}\frac{\Delta y}{\Delta x}=\lim_{\Delta x\to 0^+}\frac{f(x_0+\Delta x)-f(x_0)}{\Delta x}=f'_+(x_0)$$

分别称为函数 $y=f(x)$ 在点 $x_0$ 处的**左导数**和**右导数** . 显然，函数 $y=f(x)$ 在点 $x_0$ 处可导的充分必要条件是函数 $y=f(x)$ 在点 $x_0$ 处左导数和右导数都存在且相等 .

**思考**
越变越小的量是否为无穷小量?

3. 无穷小量

**定义 2.5**

在自变量的某个变化过程中，以 0 为极限的变量是**无穷小量**，简称无穷小，常用希腊字母 $\alpha$，$\beta$，$\gamma$ 等表示.

因为

$$\lim_{x\to+\infty}\frac{1}{2^x}=0$$

所以，当 $x\to+\infty$ 时，$\alpha=\frac{1}{2^x}$ 是无穷小量 .

因为

$$\lim_{x\to 0}x=0$$

所以，当 $x\to 0$ 时，$\beta=x$ 是无穷小量 .

4. 极限的计算

利用函数的图像观察当 $x\to x_0$ 时，对应函数值 $f(x)$ 的变化趋势，这对于一些简单的函数求极限情形可以采用，但是在一般情况下是不方便的，而且是有很大的局限性的 . 因此我们需要寻求更方便的极限计算方法，下面我们介绍极限的运算法则，并利用运算法则求变量的极限 .

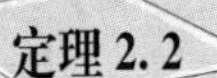

**定理 2.2**

在自变量的某个变化过程中，如果变量 $u$ 和变量 $v$ 分别以 $A,B$ 为极限，则有以下结论：

(1) 变量 $u\pm v$ 以 $A\pm B$ 为极限，即

$$\lim(u\pm v)=A\pm B;$$

(2) 变量 $u\cdot v$ 以 $A\cdot B$ 为极限，即

$$\lim(u\cdot v)=A\cdot B;$$

(3) 当 $B\neq 0$ 时，变量 $\frac{u}{v}$ 以 $\frac{A}{B}$ 为极限，即

$$\lim\frac{u}{v}=\frac{A}{B}.$$

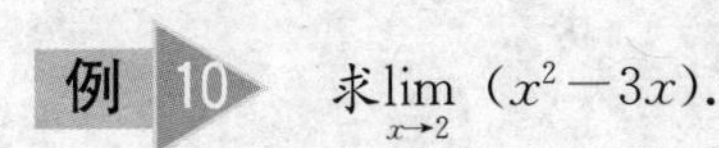

**例 10** 求 $\lim\limits_{x\to 2}(x^2-3x)$.

**解** 由定理 2.2 的结论 (1) 和 (2)，得

$$\begin{aligned}\lim_{x\to 2}(x^2-3x)&=\lim_{x\to 2}x^2-\lim_{x\to 2}3x=\lim_{x\to 2}x\cdot\lim_{x\to 2}x-\lim_{x\to 2}3\cdot\lim_{x\to 2}x\\&=2\times 2-3\times 2=-2.\end{aligned}$$

**例 11** 求 $\lim\limits_{x\to 1}\frac{x^2+1}{2x-1}$.

**解** 因为 $\lim\limits_{x\to 1}(2x-1)=1\neq 0$，所以由定理 2.2 的结论 (1)，(2)，(3)，得

$$\lim_{x\to 1}\frac{x^2+1}{2x-1}=\frac{\lim\limits_{x\to 1}(x^2+1)}{\lim\limits_{x\to 1}(2x-1)}=\frac{\lim\limits_{x\to 1}x^2+\lim\limits_{x\to 1}1}{\lim\limits_{x\to 1}2x-\lim\limits_{x\to 1}1}=\frac{2}{1}=2.$$

注意：定理 2.2 的结论 (1) 和 (2) 可以推广到有限个变量的形式，即，若

$$\lim u_i=A_i(i=1,2,\cdots,n)$$

则

$$\lim(u_1\pm u_2\pm\cdots\pm u_n)=A_1\pm A_2\pm\cdots\pm A_n$$

$$\lim(u_1\cdot u_2\cdot\cdots\cdot u_n)=A_1\cdot A_2\cdot\cdots\cdot A_n$$

由定理 2.2 还可以得到以下推论：

**推论 1** 在某个变化过程中，如果变量 $u$ 以 $A$ 为极限，$k$ 为常数，则 $\lim ku=kA$.

**推论 2** 若 $\alpha$，$\beta$ 为无穷小量，则 $\alpha\pm\beta$,$\alpha\cdot\beta$ 仍为无穷小量．

**例 12** 求 $\lim\limits_{x\to-3}\dfrac{x^2-9}{x+3}$.

**解** 当 $x\to-3$ 时，分式中分母的极限 $\lim\limits_{x\to-3}(x+3)=0$，而且分子的极限也为 0，这时不能用定理 2.2 的结论（3）求解，注意到，当 $x\to-3$，但 $x\neq3$ 时，有

$$\frac{x^2-9}{x+3}=\frac{(x+3)(x-3)}{x+3}=x-3$$

所以，$\lim\limits_{x\to-3}\dfrac{x^2-9}{x+3}=\lim\limits_{x\to-3}(x-3)=-3-3=-6$.

> **提示**
> $(a+b)(a-b)=a^2-b^2$

**例 13** 求 $\lim\limits_{x\to0}\dfrac{\sqrt{1+x}-1}{x}$.

**解** 当 $x\to0$ 时，分式中分子、分母的极限都为 0，且有

$$\frac{\sqrt{1+x}-1}{x}=\frac{(\sqrt{1+x}-1)\times(\sqrt{1+x}+1)}{x(\sqrt{1+x}+1)}$$

$$=\frac{1+x-1}{x(\sqrt{1+x}+1)}=\frac{1}{\sqrt{1+x}+1}$$

所以，有：

$$\lim_{x\to0}\frac{\sqrt{1+x}-1}{x}=\lim_{x\to0}\frac{1}{\sqrt{1+x}+1}=\frac{1}{2}.$$

有了极限的概念和运算，我们就可以比较方便地来研究微积分中另一个重要的概念——函数的连续性了.

### 2.1.3 函数的连续性

在现实世界中，人们从直观上可以感觉到，许多变量呈现出连续变化的形态，例如，水的流动，植物的生长过程，气温的升降等等，把这些直观的感觉进行抽象，即可得到“连续性”的概念，反映到数学上就

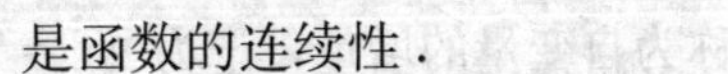

是函数的连续性．

1. 函数的连续性与连续函数

我们来考察函数 $y=f(x)=2x$ 和 $y=g(x)=\begin{cases}2x, & x\leqslant 1\\ x+2, & x>1\end{cases}$，它们的图像分别如图 2—5 和图 2—6.

两个图像重要的不同之处在于直线 $y=f(x)$ 在 $x=1$ 处没有断开，而曲线 $y=g(x)$ 在 $x=1$ 处却是断开的. 如何用数学的语言来描述曲线的断开和不断开呢？这就是我们要引进的函数在点 $x_0$ 处连续的概念.

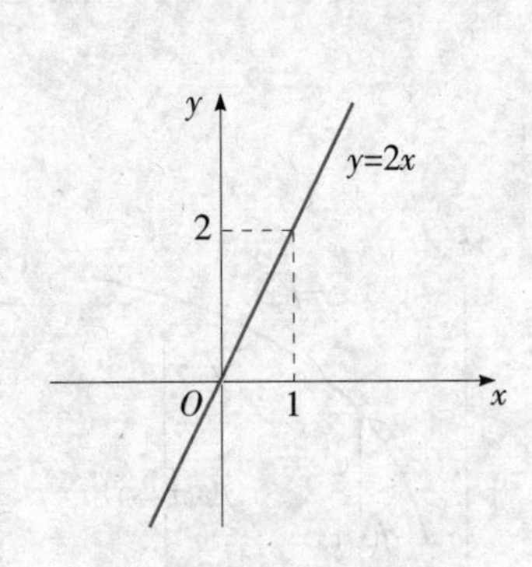


图 2—5　$y=f(x)$ 的图像

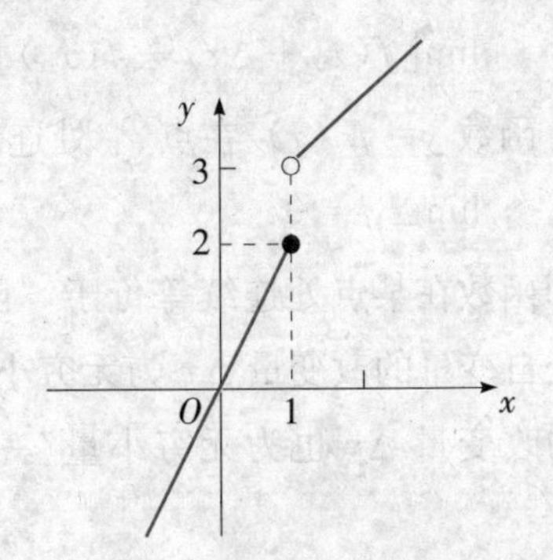


图 2—6　$y=g(x)$ 的图像

**定义 2.6**

设函数 $f(x)$ 在点 $x_0$ 的某个邻域内有定义，并满足

$$\lim_{x\to x_0} f(x)=f(x_0)$$

则称函数 $f(x)$ 在点 $x_0$ 处**连续**，点 $x_0$ 称为函数 $f(x)$ 的**连续点**．

从定义可以看出，$f(x)$“在点 $x_0$ 处连续”是“在点 $x_0$ 处有极限存在，即 $\lim\limits_{x\to x_0} f(x)=A$，当 $A$ 为 $f(x_0)$ 时”的情况.

从定义还可以看出，函数在某点的“连续性”与它在邻近点的性质有关，因此，我们引入变量改变量的概念．

设 $f(x)$ 在 $x_0$ 的某个邻域内有定义，自变量取 $x_0$ 时，相应的函数值为 $f(x_0)$，$x_0$ 是自变量的初值，然后自变量取 $x$，相应的函数值为 $f(x)$，$x$

是自变量的终值．自变量改变量为 $x-x_0$，称为自变量的增量，记为 $\Delta x=x-x_0$．相应于自变量的增量 $\Delta x$，函数 $y=f(x)$ 的改变量为 $f(x_0+\Delta x)-f(x_0)$，称为函数的增量，记为

$$\Delta y=f(x_0+\Delta x)-f(x_0)$$

或 $$\Delta y=f(x)-f(x_0)$$

若函数 $y=f(x)$ 在点 $x_0$ 处连续，用函数增量的方法来描述，即为 $x\to x_0$ 等价于 $\Delta x\to 0$，则可将描述函数在点 $x_0$ 连续的等式 $\lim\limits_{x\to x_0}f(x)=f(x_0)$，改写为

$$\lim_{\Delta x\to 0}[f(x_0+\Delta x)-f(x_0)]=0$$

于是，函数 $y=f(x)$ 在点 $x_0$ 处连续等价于

$$\lim_{\Delta x\to 0}\Delta y=0$$

即函数在某点处连续等价于"函数在该点处自变量的改变量 $\Delta x$ 为无穷小量时，函数的改变量 $\Delta y$ 也为无穷小量"（见图 2—7）．

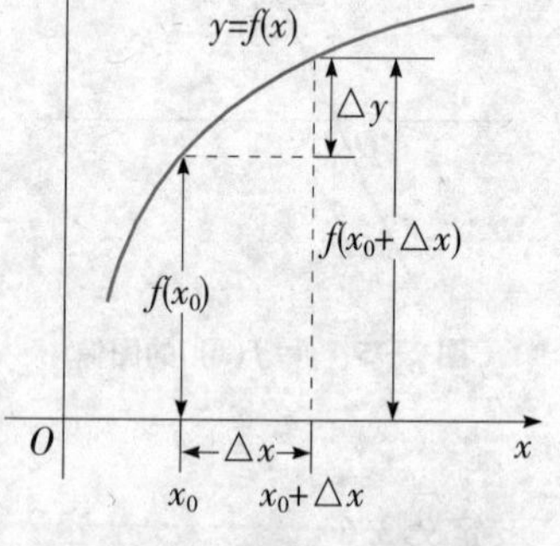


图 2—7 连续函数示意图

在几何上，连续函数的曲线是一条不断的线，$x_0$ 是函数的连续点，则在点 $x_0$ 处曲线就不能断开．

由定义 2.6 知，函数的连续性是建立在极限存在的基础上，相应于左、右极限的概念，有：

若 $\lim\limits_{x\to x_0^-}f(x)=f(x_0)$，则称 $f(x)$ 在点 $x_0$ 处**左连续**；

若 $\lim\limits_{x\to x_0^+}f(x)=f(x_0)$，则称 $f(x)$ 在点 $x_0$ 处**右连续**．

显然，$f(x)$ 在点 $x_0$ 处连续的充分必要条件是：在点 $x_0$ 处既左连续又右连续．

**例 14** 证明函数

$$f(x)=\begin{cases}x^2+1, & x<0\\ 1, & x\geqslant 0\end{cases}$$

在 $x=0$ 处是连续的.

**证明** 由已知 $f(0)=1$，而

$$\lim_{x\to 0^-} f(x) = \lim_{x\to 0^-}(x^2+1) = 1$$

$$\lim_{x\to 0^+} f(x) = \lim_{x\to 0^+} 1 = 1$$

可知，$\lim\limits_{x\to 0} f(x) = f(0)$，即 $f(x)$ 在 $x=0$ 处连续.

如果函数 $f(x)$ 在开区间 $(a,b)$ 内的每一点都连续，则称 $f(x)$ 在区间（$a,b$）内连续，这时称 $f(x)$ 是（$a,b$）内的**连续函数**，如果函数 $f(x)$ 在开区间（$a,b$）内连续，且在左端点 $a$ 右连续，在右端点 $b$ 左连续，则称 $f(x)$ 在闭区间 [$a,b$] 上连续.

**例 15** 证明函数 $f(x)=x^2$ 在其定义域内连续.

**证明** $f(x)=x^2$ 的定义域是 $(-\infty, +\infty)$，

任取 $x_0\in(-\infty, +\infty)$，因为

$$\lim_{x\to x_0} f(x) = \lim_{x\to x_0} x^2 = x_0^2$$

所以，函数 $f(x)=x^2$ 在其定义域内连续.

**例 16** 讨论函数 $f(x)=|x|$ 的连续性.

**解** 由于 $f(x)=|x|=\begin{cases} x, & x\geqslant 0 \\ -x, & x<0 \end{cases}$

依连续函数的定义，先考察在 $x=0$ 处的连续性. 因为

$$\lim_{x\to 0^-} f(x) = \lim_{x\to 0^-}(-x) = -\lim_{x\to 0^-} x = 0$$

$$\lim_{x\to 0^+} f(x) = \lim_{x\to 0^+} x = 0$$

所以，$\lim\limits_{x\to 0} f(x)=0$，又 $f(0)=0$，故函数在 $x=0$ 处连续.

又因为当 $x\neq 0$ 时，$f(x)=x$ 或 $f(x)=-x$，分别在其定义域内是连续的，由此得出函数 $f(x)=|x|$ 在其定义域内是连续的.

2. 连续函数的有关结论

关于连续函数我们可以得到下列结论：

(1) 多项式函数

$$y = a_n x^n + a_{n-1} x^{n-1} + \cdots + a_1 x + a_0$$

在实数域内是连续的.

(2) 有理函数

$$y = \frac{a_n x^n + a_{n-1} x^{n-1} + \cdots + a_1 x + a_0}{b_m x^m + b_{m-1} x^{m-1} + \cdots + b_1 x + b_0}$$

在分母不为0的点都是连续的.

(3) 初等函数在其定义区间内的每一点都是连续的.

(4) 可导函数一定是连续的.

**思考**
可微是否也连续呢?

**简单练习 2.1**

1. 若在(2.1)式中令 $x = x_0 + \Delta x$，试写出导数定义的另一种形式.

2. 计算下列函数的极限：

(1) $\lim\limits_{x \to 2}(x^2 + 6x - 5)$；

(2) $\lim\limits_{x \to 0}\frac{x^2 + x - 2}{x^2 - 3x + 2}$；

(3) $\lim\limits_{x \to -3}\frac{x^2 - 9}{x^2 + 5x + 6}$；

(4) $\lim\limits_{x \to 2}\frac{x^2 - x - 2}{x^2 - 3x + 2}$；

(5) $\lim\limits_{x \to 0}\frac{\sqrt{1 - x} - 1}{x}$；

(6) $\lim\limits_{x \to 9}\frac{9 - x}{3 - \sqrt{x}}$.

3. 讨论函数 $y = f(x) = x^2 + 1$ 在定义区间内的连续性.

# 2.2 导数的计算

求给定函数的导数是微积分的基本运算之一. 2.1节中的例1、例2、例3给出了用定义求导数的一种方法，但当函数比较复杂时，利用定义求其导数就会比较困难. 在本节中我们将介绍导数基本公式和导数运算法则，这样我们求任何初等函数的导数就方便多了.

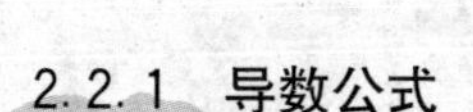

## 2.2.1 导数公式

由导数的定义，我们可以得到下面的导数基本公式：

(1) $(C)'=0$（$C$ 为常数）

(2) $(x^{\alpha})'=\alpha x^{\alpha-1}$（$\alpha$ 为任意实数）

(3) $(a^{x})'=a^{x}\ln a$（$a>0$，且 $a\neq 1$）

(4) $(\mathrm{e}^{x})'=\mathrm{e}^{x}$

(5) $(\ln x)'=\dfrac{1}{x}$

(6) $(\log_{a}x)'=\dfrac{1}{x}\log_{a}\mathrm{e}=\dfrac{1}{x\ln a}$（$a>0$，且 $a\neq 1$）

上述公式是十分重要的，我们要熟记，并能够熟练应用.

利用上面的导数公式，我们可以直接计算一些函数的导数. 例如利用公式 $(x^{\alpha})'=\alpha x^{\alpha-1}$（$\alpha$ 为任意实数），可以计算下面函数的导数：

$$(x)'=1\cdot x^{1-1}=1$$

$$(x^{3})'=3x^{3-1}=3x^{2}$$

$$(\sqrt{x})'=(x^{\frac{1}{2}})'=\frac{1}{2}x^{\frac{1}{2}-1}=\frac{1}{2}x^{-\frac{1}{2}}=\frac{1}{2\sqrt{x}}$$

$$\left(\frac{1}{x}\right)'=(x^{-1})'=-1\cdot x^{-1-1}=-\frac{1}{x^{2}}$$

又如利用导数公式 $(\log_{a}x)'=\dfrac{1}{x}\log_{a}\mathrm{e}=\dfrac{1}{x\ln a}$（$a>0$，且 $a\neq 1$）可以计算下面函数的导数：

$$(\lg x)'=\frac{1}{x\ln 10}=\frac{1}{x}\lg\mathrm{e}$$

$$(\log_{2}x)'=\frac{1}{x\ln 2}=\frac{1}{x}\log_{2}\mathrm{e}$$

在导数基本公式中，将变量 $x$ 换作 $u$，公式仍然成立，即

$$(u^{\alpha})'=\alpha u^{\alpha-1}\quad（\alpha \text{ 为任意实数}）$$

$$(a^{u})'=a^{u}\ln a\quad（a>0，\text{且 } a\neq 1）$$

$$(\mathrm{e}^{u})'=\mathrm{e}^{u}$$

$$(\ln u)' = \frac{1}{u}$$

$$(\log_a u)' = \frac{1}{u}\log_a \mathrm{e} = \frac{1}{u\ln a} \quad (a > 0，且\ a \neq 1)$$

### 2.2.2 导数运算法则

1. 导数的四则运算法则

**定理 2.3**

设 $u(x)$，$v(x)$ 在点 $x$ 处可导，则

$$[u(x) \pm v(x)]' = u'(x) \pm v'(x) \tag{2.6}$$

$$[u(x) \cdot v(x)]' = u'(x)v(x) + u(x)v'(x) \tag{2.7}$$

$$\left[\frac{u(x)}{v(x)}\right]' = \frac{u'(x)v(x) - u(x)v'(x)}{v^2(x)} \quad (v(x) \neq 0) \tag{2.8}$$

**例 1** 设 $y=x^2+3$，求 $y'$.

**解** $y' = (x^2+3)' = (x^2)' + (3)'$

$=2x.$

公式（2.6）可以推广到有限个函数的代数和的情形，即

设 $u_i(x)(i=1,2,\cdots,n)$ 在点 $x$ 处可导，则

$$[u_1(x) \pm u_2(x) \pm \cdots \pm u_n(x)]'$$

$$= u'_1(x) \pm u'_2(x) \pm \cdots \pm u'_n(x)$$

对于微分的情形，同样有

$$\mathrm{d}[u_1(x) \pm u_2(x) \pm \cdots \pm u_n(x)]$$

$$= \mathrm{d}u_1(x) \pm \mathrm{d}u_2(x) \pm \cdots \pm \mathrm{d}u_n(x)$$

**例 2** 设 $y=2^x+\ln x-\sqrt{x}$，求 $\mathrm{d}y$.

**解** $\mathrm{d}y = y'\mathrm{d}x$

$$y' = (2^x + \ln x - \sqrt{x})' = (2^x)' + (\ln x)' - (x^{\frac{1}{2}})'$$

$$= 2^x\ln 2 + \frac{1}{x} - \frac{1}{2}x^{-\frac{1}{2}}$$

$$dy = \left(2^x\ln 2 + \frac{1}{x} - \frac{1}{2}x^{-\frac{1}{2}}\right)dx.$$

**例 3** 设 $y=\frac{x-1}{x+1}$，求 $y'$ 和 $dy$.

**解** $y'=\left(\frac{x-1}{x+1}\right)'=\frac{(x-1)'(x+1)-(x-1)(x+1)'}{(x+1)^2}$

$$=\frac{(x+1)-(x-1)}{(x+1)^2}=\frac{2}{(x+1)^2}.$$

$$dy = y'dx = \frac{2}{(x+1)^2}dx.$$

**例 4** 设 $y=\frac{x^2-x+2}{x+3}$，求 $y'(1)$.

**解** $y'=\frac{(x^2-x+2)'(x+3)-(x^2-x+2)(x+3)'}{(x+3)^2}$

$$=\frac{(2x-1)(x+3)-(x^2-x+2)}{(x+3)^2}$$

$$=\frac{x^2+6x-5}{(x+3)^2}$$

$$y'(1)=\frac{1^2+6\times1-5}{(1+3)^2}=\frac{1}{8}.$$

2. 复合函数的求导法则

由前面的结论已经知道，$(e^x)'=e^x$，那么，是否有 $(e^{2x})'=e^{2x}$ 呢？

根据运算公式 $e^{2x}=e^{x+x}=e^x\cdot e^x$，用导数的乘法法则可以得到

$$(e^{2x})'=(e^x)'\cdot e^x+e^x\cdot(e^x)'=e^x\cdot e^x+e^x\cdot e^x=2e^{2x}$$

这说明 $(e^{2x})'\neq e^{2x}$，其原因在于 $y=e^{2x}$ 是复合函数，它是由

$$y=e^u,\ u=2x$$

复合而成的，直接套用基本公式求复合函数的导数是不行的.

那么如何求复合函数的导数呢？

**定理 2.4**

设 $y=f(u),u=g(x)$，且 $u=g(x)$ 在点 $x$ 处可导，$y=f(u)$ 在点 $u=g(x)$ 处可导，则复合函数 $y=f[g(x)]$ 在点 $x$ 处可导，且

$$y'=f'(u)\cdot g'(x)$$

或

$$y'=y'_u\cdot u'_x \tag{2.9}$$

**例 5** 设 $y=\sqrt{3-4x^2}$，求 $y'$.

**解** 令 $y=\sqrt{u}$，$u=3-4x^2$，由公式（2.9）得

$$\begin{aligned} y'_x&=y'_u\cdot u'_x=(u^{\frac{1}{2}})'_u(3-4x^2)'_x\\ &=\frac{1}{2}u^{-\frac{1}{2}}\cdot(-8x)\\ &=-\frac{4x}{\sqrt{3-4x^2}}. \end{aligned}$$

**例 6** 设 $y=(3x-5)^{100}$，求 $y'$.

**解** 令 $y=u^{100}$，$u=3x-5$，由公式（2.9）得

$$y'_x=y'_u\cdot u'_x=(u^{100})'_u(3x-5)'_x=100u^{99}\cdot 3=300(3x-5)^{99}.$$

**例 7** 设 $y=\ln\ln x$，求 $y'$.

**解** 令 $y=\ln u$，$u=\ln x$，由公式（2.9）得

$$y'_x=y'_u\cdot u'_x=(\ln u)'_u(\ln x)'_x=\frac{1}{u}\cdot\frac{1}{x}=\frac{1}{x\ln x}.$$

在计算比较熟练之后，求复合函数的导数时不必写出中间变量 $u$，只要在心中默记就可以了．例如，前几例也可以采用下面方式直接计算：

$$\begin{aligned} (\sqrt{3-4x^2})'&=\frac{1}{2}(3-4x^2)^{-\frac{1}{2}}\cdot(3-4x^2)'\\ &=\frac{1}{2}(3-4x^2)^{-\frac{1}{2}}\cdot(-8x) \end{aligned}$$

$$=-\frac{4x}{\sqrt{3-4x^2}}.$$

$$[(3x-5)^{100}]'=100(3x-5)^{99}(3x-5)'=300(3x-5)^{99}.$$

$$(\ln\ln x)'=\frac{1}{\ln x}(\ln x)'=\frac{1}{\ln x}\cdot\frac{1}{x}=\frac{1}{x\ln x}.$$

复合函数的求导法则可以推广到**有限次复合**的情形，设 $y=f(u)$，$u=g(v)$，$v=h(x)$，则有

$$y'=f'(u)\cdot g'(v)\cdot h'(x) \tag{2.10}$$

或

$$y'=y'_u\cdot u'_v\cdot v'_x.$$

**例 8** 求函数 $y=\ln\sqrt{\frac{1+x^2}{1-x^2}}$ 的导数.

**解** 由对数函数的性质

$$y=\ln\sqrt{\frac{1+x^2}{1-x^2}}=\frac{1}{2}[\ln(1+x^2)-\ln(1-x^2)]$$

$$y'=\frac{1}{2}\left[\frac{1}{1+x^2}(1+x^2)'-\frac{1}{1-x^2}(1-x^2)'\right]$$

$$=\frac{1}{2}\left(\frac{2x}{1+x^2}+\frac{2x}{1-x^2}\right)$$

$$=\frac{2x}{1-x^4}.$$

### 2.2.3 高阶导数

在某些问题中，多次求函数的导数是有意义的．连续两次或两次以上对某个函数求导数，所得的结果称为这个函数的**高阶导数**．

如果函数 $f(x)$ 的导函数可以对 $x$ 再求导，则称一阶导数的导数为二阶导数．

函数的二阶导数记为

$$y'',f''(x),\frac{\mathrm{d}^2y}{\mathrm{d}x^2}\text{ 或}\frac{\mathrm{d}^2f(x)}{\mathrm{d}x^2}$$

且有 $y''=(y')'$.

类似地，可以定义三阶、四阶……$n$ 阶导数．函数 $f(x)$ 的三阶导数记为

$$y''',f'''(x),\frac{d^3y}{dx^3}\text{或}\frac{d^3f(x)}{dx^3}$$

四阶导数记为

$$y^{(4)},f^{(4)}(x),\frac{d^4y}{dx^4}\text{或}\frac{d^4f(x)}{dx^4}$$

$n$ 阶导数记为

$$y^{(n)},f^{(n)}(x),\frac{d^ny}{dx^n}\text{或}\frac{d^nf(x)}{dx^n}$$

且有 $y^{(n)}=(y^{(n-1)})'$.

如果函数 $f(x)$ 在点 $x$ 处具有 $n$ 阶导数，则称 $f(x)$ 在点 $x$ 处 $n$ 阶可导．并把二阶及二阶以上的各阶导数统称为高阶导数，且四阶以及四阶以上的各阶导数记作

$$y^{(k)}(k\geqslant 4)$$

函数 $f(x)$ 在点 $x_0$ 处的各阶导数是其各阶导函数在点 $x_0$ 处的函数值，即

$$f'(x_0),f''(x_0),f'''(x_0),f^{(4)}(x_0),\cdots,f^{(n)}(x_0)$$

由高阶导数的定义可知，求函数的高阶导数就是利用导数的基本公式和求导法则对函数一次次地求导．

**思考**

$n$ 次多项式的 $n+1$ 阶导数为多少？

**例 9** 设 $y=x^2+3x-1$，求 $y''$，$y'''$.

**解** $y'=2x+3$

$y''=2$

$y'''=0$

此二次函数的三阶及三阶以上的各阶导数均为 0.

**例 10** 设 $y=\ln(1+x)$，求 $y''$.

**解** $y'=\dfrac{1}{1+x}$

$$y''=\left(\frac{1}{1+x}\right)'=-\frac{1}{(1+x)^2}.$$

**例 11** 求 $y=e^{ax}$ 的二阶、三阶及 $n$ 阶导数.

**解** $y'=ae^{ax}$

$y''=a^2e^{ax}$

$y'''=a^3e^{ax}$

…………

$y^{(n)}=a^ne^{ax}$.

## 简单练习 2.2

1. 求下列各函数的导数:

(1) $y=3x^2-2x+10$;

(2) $y=x^2(1+\sqrt{x})$;

(3) $y=\dfrac{1-x^3}{\sqrt{x}}$;

(4) $y=x\ln x$.

2. 求下列各函数的导数:

(1) $y=\dfrac{1}{\sqrt{3x-5}}$;

(2) $y=(3x^4-2)^{15}$;

(3) $y=e^{\frac{1}{x}}-x\sqrt{x}$;

(4) $y=\sqrt{x^2-a^2}$ ($a$ 为常数);

(5) $y=\ln\sqrt{2x-1}$;

(6) $y=(3x^2+1)^{\frac{2}{3}}$.

3. 求下列函数的二阶导数:

(1) $y=x^2+5x+6$; (2) $y=x^2\ln x$;

(3) $y=2^x$; (4) $y=\ln(1+x^2)$.

有了导数作工具，我们就可以对函数的性态进行分析研究了．本书中我们主要分析和研究的函数的性态是函数的单调性与极值等．

## 2.3 函数的单调性与极值

这一节我们主要介绍利用函数的导数判别函数单调性的方法和函数极值、最值的概念及求法．

### 2.3.1 函数单调性的判别

函数单调性的定义已经在 1.1 节中给出，但是，直接用定义判别函数的单调性是比较困难的，在我们学习了导数之后，利用函数的一阶导数判别函数的单调性将会很方便．

**定理 2.5**

设函数 $y=f(x)$ 在区间 $[a,b]$ 上连续，在区间 $(a,b)$ 内可导．

（1）如果 $x\in(a,b)$ 时，$f'(x)>0$，则 $f(x)$ 在区间 $[a,b]$ 上单调增加；

（2）如果 $x\in(a,b)$ 时，$f'(x)<0$，则 $f(x)$ 在区间 $[a,b]$ 上单调减少．

在应用定理 2.5 时，定理的条件是可以放宽的．也就是说，若在区间 $(a,b)$ 内 $f'(x)\geqslant 0$ 或 $f'(x)\leqslant 0$，且等号在个别点成立，则函数 $y=f(x)$ 在区间 $(a,b)$ 内仍单调增加或单调减少．例如，函数 $f(x)=x^3$ 在区间 $(-\infty,+\infty)$ 内恒有 $f'(x)=3x^2\geqslant 0$，仅在 $x=0$ 处有 $f'(x)=3x^2=0$，说明函数 $f(x)=x^3$ 在区间 $(-\infty,+\infty)$ 内是单调增加的．

**例 1** 求函数 $f(x)=x^2-6x+10$ 的单调区间．

**解** 函数 $f(x)=x^2-6x+10$ 的定义域为 $(-\infty,+\infty)$，

因为 $f'(x)=2x-6=2(x-3)$

令 $f'(x)=2(x-3)=0$

得 $x_0=3$,

以 $x_0=3$ 为分点，将函数的定义域分为两个子区间：$(-\infty,\ 3)$ 和 $(3,\ +\infty)$，讨论 $f'(x)$ 在这两个子区间中的符号，列表 2—2：

表 2—2

| $x$ | $(-\infty,\ 3)$ | $(3,\ +\infty)$ |
|---|---|---|
| $f'(x)$ | $-$ | $+$ |
| $f(x)$ | 单调减少 | 单调增加 |

所以，函数 $f(x)=x^2-6x+10$ 的单调减少区间为 $(-\infty,\ 3)$，单调增加区间为 $(3,\ +\infty)$.

**例 2** 求函数 $f(x)=\dfrac{x}{1+x}$ 的单调区间.

**解** 函数 $f(x)=\dfrac{x}{1+x}$ 的定义域为 $(-\infty,\ -1)\cup(-1,\ +\infty)$

因为 $f'(x)=\dfrac{1}{(1+x)^2}>0(x\neq-1)$

所以，函数 $f(x)=\dfrac{x}{1+x}$ 在 $(-\infty,\ -1)$ 和 $(-1,\ +\infty)$ 内分别单调增加.

### 2.3.2 函数的极值及其判别

为了用数学的工具解决经济分析中的最值问题，我们要介绍函数极值的概念及解法.

什么是函数的极值呢？观察函数 $y=f(x)$ 的图形，如图 2—8 所示，曲线上的点 $P_1$，$P_3$，$P_5$ 是曲线上的“谷点”，对应的横坐标分别是 $x_1$，$x_3$，$x_5$，函数 $f(x)$ 在点 $x_1$ 处的函数值 $f(x_1)$ 比 $x_1$ 附近的点上的函数值都小，在 $x_3$ 及 $x_5$ 处也有同样的情形出现. 曲线上的点 $P_2$，$P_4$，$P_6$ 是曲线的“峰点”，“峰点” $P_2$，$P_4$，$P_6$ 对应的横坐标分别为 $x_2$，$x_4$，$x_6$，

函数 $f(x)$ 在点 $x_2$ 处的函数值 $f(x_2)$ 比 $x_2$ 附近的点上的函数值都大，在 $x_4$ 及 $x_6$ 处也有同样的情形出现.

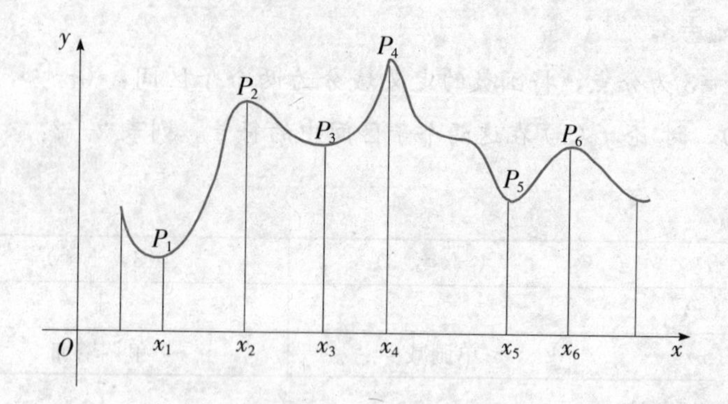


图 2—8 曲线的"谷点"和"峰点"示意图

**定义 2.7**

设函数 $f(x)$ 在点 $x_0$ 的某个邻域内有定义，如果对该邻域内的任意一点 $x(x\neq x_0)$，恒有 $f(x)\leqslant f(x_0)$，则称 $f(x_0)$ 为函数 $f(x)$ 的极大值，称 $x_0$ 为函数 $f(x)$ 的极大值点；如果对该邻域内的任意一点 $x(x\neq x_0)$，恒有 $f(x)\geqslant f(x_0)$，则称 $f(x_0)$ 为函数 $f(x)$ 的极小值，称 $x_0$ 为函数 $f(x)$ 的极小值点.

函数的极大值与极小值统称为函数的**极值**，极大值点与极小值点统称为函数的**极值点**.

定义 2.7 表明，函数的极值是局部性概念，只是与极值点 $x_0$ 附近的所有点的函数值相比较，$f(x_0)$ 是最大的或是最小的，但它并不一定是整个定义域上最大的或最小的函数值. 如图 2—9 所示，函数在 $x_1$，$x_4$ 两点处取得极大值，而在 $x_2$，$x_5$ 两点处取得极小值，其中极大值 $f(x_1)$ 就小于极小值 $f(x_5)$.

由图 2—9 还可以看到，在函数的极值点处，曲线或者有水平切线，如 $f'(x_1)=0$，$f'(x_5)=0$，或者切线不存在，如在点 $x_2$，$x_4$ 处. 但是，有水平切线的点不一定是极值点，如点 $x_3$. 由此就可以推断，极值点应该在导数为零（$f'(x_1)=0$）或导数不存在的点中寻找.

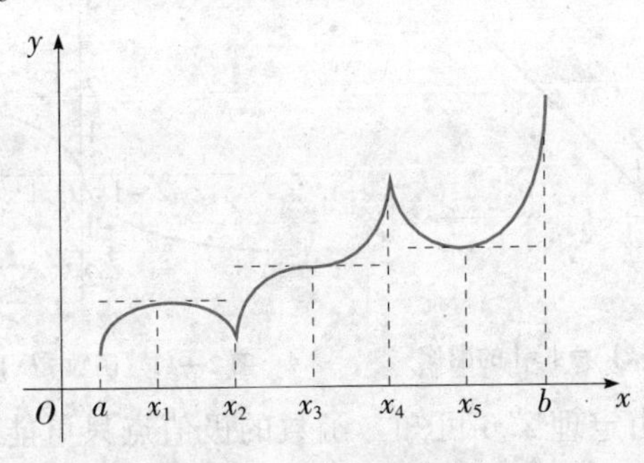


图 2—9 极值示意图

**定理 2.6**

如果点 $x_0$ 是函数 $f(x)$ 的极值点，且 $f'(x_0)$ 存在，则

$$f'(x_0)=0.$$

使 $f'(x)=0$ 的点，称为函数 $f(x)$ 的**驻点**.

定理 2.6 通常叫做可导函数极值存在的必要条件. 它说明，可导函数 $f'(x_0)=0$ 是点 $x_0$ 为极值点的必要条件，但不是充分条件. 也就是说，使 $f'(x_0)=0$ 成立的点（驻点）并不一定是极值点，例如 $f(x)=x^3$，$f'(x)=3x^2$，可知 $x=0$ 是函数的驻点，但不是它的极值点. 同理，使 $f'(x_0)$ 不存在的点 $x_0$ 可能是函数 $f(x)$ 的极值点，也可能不是极值点，例如 $f(x)=|x|$ 在 $x=0$ 处达到极小值（见图 2—10），但是函数 $y=|x|$ 在 $x=0$ 处不可导（因为 $f(x)=|x|$ 在 $x=0$ 处的左导数为 $-1$，右导数为 1，所以在 $x=0$ 处不可导），说明不可导点可以是极值点；又例如函数 $g(x)=x^{\frac{1}{3}}$（见图 2—11），$g'(x)=\frac{1}{3}x^{-\frac{2}{3}}=\frac{1}{3\sqrt[3]{x^2}}$，显然在点 $x=0$ 处不可导，但在 $x\neq0$ 处导数均为正，可见函数 $g(x)=x^{\frac{1}{3}}$ 在除 $x\neq0$ 处均单调上升，说明不可导点也不一定就是极值点.

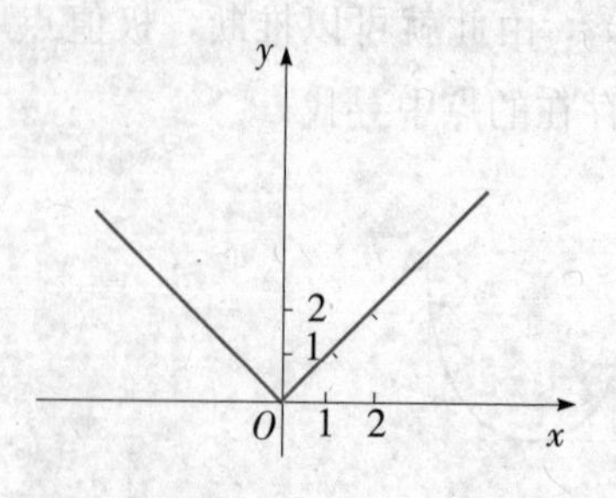


图 2—10　函数 $f(x)=|x|$ 的图像

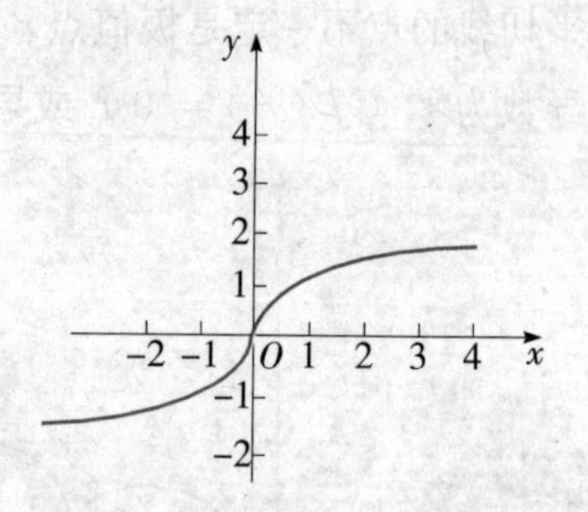


图 2—11　函数 $g(x)=x^{\frac{1}{3}}$ 的图像

尽管如此，由定理 2.6 可知，函数的极值点只可能发生在它的驻点及导数不存在的点之中．但是，反过来驻点和导数不存在的点也不一定都是极值点，那么，如何判断一个函数的驻点和导数不存在的点是不是极值点呢？我们给出下面的判定定理。

**定理 2.7**

设函数 $f(x)$ 在点 $x_0$ 的邻域内连续并且可导（$f'(x_0)$ 可以不存在）.

(1) 如果在点 $x_0$ 的左邻域内，$f'(x)>0$，在点 $x_0$ 的右邻域内，$f'(x)<0$，那么 $x_0$ 是 $f(x)$ 的极大值点，且 $f(x_0)$ 是 $f(x)$ 的极大值.

(2) 如果在点 $x_0$ 的左邻域内，$f'(x)<0$，在点 $x_0$ 的右邻域内，$f'(x)>0$，那么 $x_0$ 是 $f(x)$ 的极小值点，且 $f(x_0)$ 是 $f(x)$ 的极小值.

(3) 如果在点 $x_0$ 的邻域内，$f'(x)$ 不变号，那么 $x_0$ 不是 $f(x)$ 的极值点.

定理 2.7 通常叫做极值存在的充分条件，下面通过几何意义说明.

设函数 $f(x)$ 在点 $x_0$ 的邻域内连续，当 $x<x_0$ 时，$f'(x)>0$，可知函数 $f(x)$ 单调增加，曲线上升．当 $x>x_0$ 时，$f'(x)<0$，函数 $f(x)$ 单调减少，曲线下降．也就是说，自变量 $x$ 沿 $x$ 轴的正向从左到右经过点 $x_0$ 时，曲线先上升，在点 $x_0$ 处达到峰顶，过点 $x_0$ 后，曲线又下降，见图 2—12. 由此说明，定理 2.7 中的结论（1）是正确的.

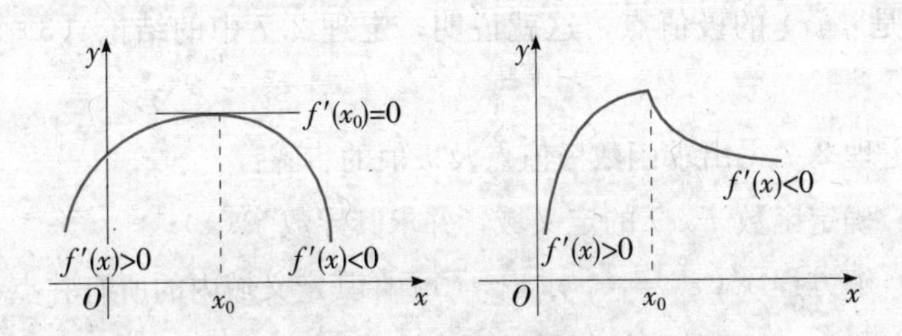


图 2—12 $x_0$ 是极大值点

由图 2—13，可同样说明定理 2.7 中的结论（2）是正确的.

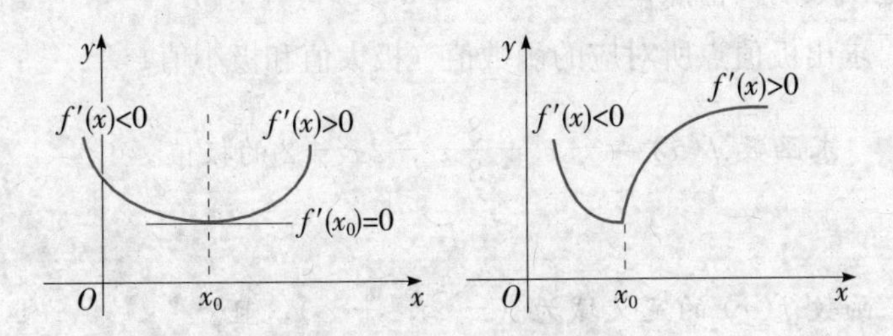


图 2—13 $x_0$ 是极小值点

由图 2—14 可知，当自变量 $x$ 沿 $x$ 轴的正向从左侧到右侧经过点 $x_0$ 时，如果 $f'(x)$ 不变号，即使有 $f'(x_0)=0$，或在点 $x_0$ 处 $f'(x)$ 不存在，

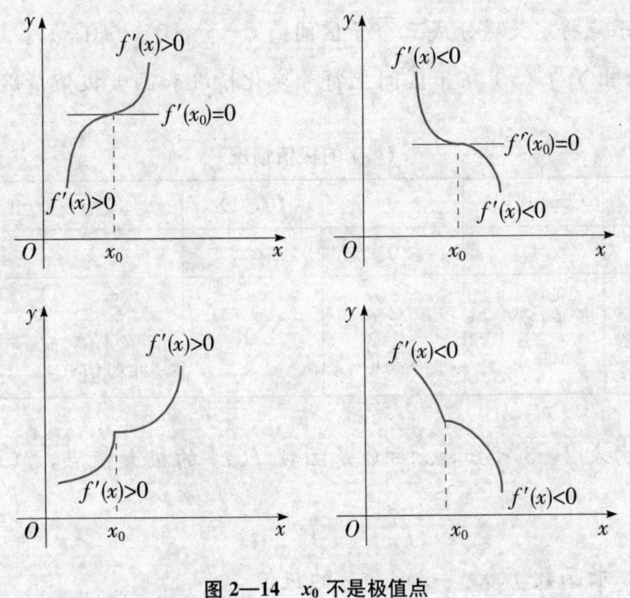


图 2—14 $x_0$ 不是极值点

$x_0$ 也不是 $f(x)$ 的极值点，这就说明，定理 2.7 中的结论（3）是正确的.

由定理 2.7 得出求函数极值点及极值的步骤：

（1）确定函数 $f(x)$ 的定义域，并求其导数 $f'(x)$；

（2）解方程 $f'(x)=0$，求出 $f(x)$ 在其定义域内的所有驻点；

（3）找出 $f(x)$ 的连续但导数不存在的所有点；

（4）讨论在驻点和不可导点的左、右两侧附近 $f'(x)$ 符号变化的情况，确定函数的极值点；

（5）求出极值点所对应的函数值（极大值和极小值）.

**例 3** 求函数 $f(x)=-x^4+\frac{8}{3}x^3-2x^2+2$ 的极值.

**解**

（1）函数 $f(x)$ 的定义域为 $(-\infty, +\infty)$，且

$$f'(x)=-4x^3+8x^2-4x=-4x(x-1)^2$$

（2）令 $f'(x)=0$，得驻点 $x_1=0$，$x_2=1$.

（3）该函数没有导数不存在的点.

（4）驻点将定义域分成三个子区间：$(-\infty, 0)$，$(0, 1)$，$(1, +\infty)$，表 2—3 给出了 $f'(x)$ 在子区间上符号变化情况和函数极值情况.

**表 2—3** $f(x)$ 的极值情况

| $x$ | $(-\infty, 0)$ | 0 | $(0, 1)$ | 1 | $(1, +\infty)$ |
|---|---|---|---|---|---|
| $f'(x)$ | + | 0 | − | 0 | − |
| $f(x)$ | ↗ | 2<br>极大值 | ↘ | $\frac{5}{3}$<br>非极值 | ↘ |

（5）由表 2—3 可知，$x_1=0$ 是函数 $f(x)$ 的极大值点，$f(x)$ 的极大值是 $f(0)=2$.

**例 4** 求函数 $f(x)=3x^{\frac{2}{3}}-x$ 的极值.

**解**

(1) 函数 $f(x)$ 的定义域为 $(-\infty, +\infty)$，且

$$f'(x)=2x^{-\frac{1}{3}}-1=\frac{2-\sqrt[3]{x}}{\sqrt[3]{x}}$$

(2) 令 $f'(x)=0$，得驻点 $x_1=8$.

(3) $f'(x)$ 在点 $x_2=0$ 处不存在.

(4) 用导数不存在点 $x_2=0$ 和驻点 $x_1=8$，将函数的定义域分成三个子区间：$(-\infty, 0)$，$(0, 8)$，$(8, +\infty)$，在这些子区间内讨论 $f'(x)$ 的符号变化及 $f(x)$ 的极值情况，见表 2—4.

**表 2—4　$f(x)$ 的极值情况**

| $x$ | $(-\infty,0)$ | 0 | $(0,8)$ | 8 | $(8,+\infty)$ |
|---|---|---|---|---|---|
| $f'(x)$ | $-$ | 不存在 | $+$ | 0 | $-$ |
| $f(x)$ | ↘ | 0<br>极小值 | ↗ | 4<br>极大值 | ↘ |

(5) 由表可知，$x_1=8$ 和 $x_2=0$ 分别是 $f(x)$ 的极大值点和极小值点，函数的极大值和极小值分别是 $f(8)=4$，$f(0)=0$.

求函数的极值是为求函数的最值服务的，研究了极值求法便于我们用数学的方法解决日常生活和经济活动中经常碰到的最大值、最小值的问题.

## 2.3.3 最大值、最小值及其求法

在日常生活和经济活动中，经常遇到希望花一定的钱买的东西越多越好、有限的场地建房子越大越好等问题，这些问题归结到数学上就是求函数的最大值或最小值的问题．通常，最大值、最小值与极值是有差别的．对在区间 $[a, b]$ 上的连续函数 $y=f(x)$，如果 $x_0\in(a, b)$ 是 $f(x)$ 的极值点，那么存在 $x_0$ 的一个邻域，对该邻域中的任意一个 $x$ $(x\neq x_0)$，都有

$$f(x_0)\geqslant f(x)，\text{或 } f(x_0)\leqslant f(x)$$

而当 $x_0 \in [a, b]$ 是 $f(x)$ 的最大值点或最小值点时，那么对任意的 $x \in [a, b]$ 都有

$$f(x_0) \geqslant f(x)\text{，或 } f(x_0) \leqslant f(x)$$

也就是说，极值是对极值点 $x_0$ 的某个邻域而言的局部概念，它只能在区间的内点取得，而最大值、最小值是对整个区间而言的全局性概念，它可能在区间的内点取得（则它必是极值点），也可能在区间的端点取得.

可以证明，连续函数在闭区间上一定有**最大值**和**最小值**.

连续函数的最大值和最小值只可能在以下几种点处取得：

（1）驻点；

（2）导数不存在的点；

（3）端点.

因此，求连续函数 $f(x)$ 在闭区间 $[a, b]$ 上的最大值和最小值，只需分别求出 $f(x)$ 在其驻点、导数不存在的点以及端点 $a$，$b$ 处的函数值. 这些函数值中的最大者就是函数在 $[a, b]$ 上的最大值，最小者就是函数在 $[a, b]$ 上的最小值.

**例 5** 求函数 $f(x)=x^3-3x^2-9x+5$ 在区间 $[-4, 4]$ 上的最大值和最小值.

**解** 因为 $f'(x)=3x^2-6x-9=3(x+1)(x-3)$

令 $f'(x)=0$，得驻点 $x_1=-1$，$x_2=3$

计算 $f(x)$ 在区间端点及驻点 $x_1$，$x_2$ 处的函数值，得

$$f(-4)=-71,\ f(4)=-15,$$

$$f(-1)=10,\ f(3)=-22$$

所以，比较以上各值可得，$f(x)$ 在区间 $[-4, 4]$ 上的最大值为 $f(-1)=10$，最小值为 $f(-4)=-71$.

综合前面对函数性态的数学分析和几何描述，对许多函数来说，我们有下面的结论：

如果在闭区间 $[a, b]$ 上的连续函数 $f(x)$，在开区间 $(a, b)$ 内可

导，而且 $x_0$ 是 $f(x)$ 在 $(a, b)$ 内的唯一驻点，那么当 $x_0$ 是 $f(x)$ 的极大值点（或极小值点）时，$x_0$ 一定是 $f(x)$ 在 $[a, b]$ 上的最大值点（或最小值点）.

这一结论对我们简便迅速地确定函数的最大值（最小值）是很有帮助的.

## 简单练习 2.3

1. 如果函数 $y=f(x)$ 的导数如下，问函数在什么区间内单调增加？

(1) $f'(x)=x(x-2)$；

(2) $f'(x)=(x+1)^2(x+2)$.

2. 求下列函数的单调区间：

(1) $f(x)=x^3-3x^2$；

(2) $f(x)=x^4$；

(3) $f(x)=\frac{1}{x}$.

3. 求下列函数的极值：

(1) $f(x)=x^3-3x^2-9x+1$；

(2) $f(x)=x^2+\frac{16}{x}$；

(3) $f(x)=\frac{x}{1+x^2}$；

(4) $f(x)=x-\ln(1+x)$；

(5) $f(x)=x^2\mathrm{e}^{-x}$.

4. 求下列函数在指定区间的最大值和最小值.

(1) $f(x)=x^3-3x^2$，$[-1, 4]$；

(2) $f(x)=\ln(x^2+1)$，$[-1, 2]$.

前面我们学习了导数的定义及计算，利用导数可以解决很多经济生活中的问题，例如你会吃几颗巧克力、价格的变化对需求量的影响等问题. 下面我们就来讨论导数概念在经济分析中的若干应用.

## 2.4 导数在经济分析中的应用

导数在经济分析中的应用是十分广泛的，这里我们主要介绍需求价格弹性、边际分析、最优值等.

### 2.4.1 需求价格弹性

由第一章需求函数的定义知道，需求量 $q$ 是价格 $p$ 的函数. 为了讨论需求函数 $q(p)$ 随价格 $p$ 的变化，而变化的幅度，即需求函数 $q(p)$ 对价格 $p$ 变化的强烈程度或灵敏度，我们要讨论需求对价格的弹性. 下面先看函数的弹性.

1. 函数的弹性

函数 $y=f(x)$ 在点 $x$ 处的相对改变量 $\frac{\Delta y}{y}$ 与自变量 $x$ 的相对改变量 $\frac{\Delta x}{x}$ 之比的极限，称为函数 $y=f(x)$ 在点 $x$ 处的**弹性**.

**定义 2.8**

函数 $f(x)$ 在点 $x$ 处可导，则极限

$$\lim_{\Delta x\to 0}\frac{\dfrac{f(x+\Delta x)-f(x)}{f(x)}}{\dfrac{\Delta x}{x}}=\lim_{\Delta x\to 0}\frac{x}{f(x)}\cdot\frac{f(x+\Delta x)-f(x)}{\Delta x}$$

$$=x\frac{f'(x)}{f(x)}$$

称为函数 $y=f(x)$ 在点 $x$ 处的弹性，记为 $E$，

即 $$E=x\frac{f'(x)}{f(x)} \qquad (2.11)$$

函数的弹性 $E$ 表示函数 $f(x)$ 在点 $x$ 处的相对变化率，它与任何度量单位无关. 函数的弹性 $E$ 表示当 $x$ 产生 1%的改变时，$f(x)$ 近似地改变 $E$%，例如这里的函数 $f(x)$ 是需求函数 $q=q(p)$ 时，需求量 $q$ 为函数，价格 $p$ 是自变量，函数的弹性 $E_p=\frac{p}{q(p)}\cdot q'(p)$ 表示需求量 $q$ 对价格 $p$ 的弹性.

2. 需求价格弹性

弹性概念在经济学中应用非常广泛，下面主要介绍需求对价格的弹性.

由公式（2.11）可得：

**定义 2.9**

设某种商品的市场需求量为 $q$，价格为 $p$，需求函数 $q=q(p)$ 可导，则称

$$E_p=\frac{p}{q(p)}\cdot q'(p) \tag{2.12}$$

为该商品的需求价格弹性，简称为**需求弹性**.

由微分的定义及微分的近似计算可知：

$$E_p=\frac{\frac{\mathrm{d}q}{q}}{\frac{\mathrm{d}p}{p}}\approx\frac{\frac{\Delta q}{q}}{\frac{\Delta p}{p}}$$

$$\frac{\Delta q}{q}\approx E_p\frac{\Delta p}{p}$$

由此可知，某种商品需求量的相对改变量（%）与价格的相对改变量（%）之间近似存在 $E_p$ 倍的线性关系. 换句话说，需求弹性 $E_p$ 表示某种商品需求量 $q$ 对价格 $p$ 变化的敏感程度，即表示价格 $p$ 变化 1%$\left(\frac{\Delta p}{p}=1\%\right)$时，需求量将变化约 $E_p\%\left(\frac{\Delta q}{q}=E_p\%\right)$. 现实生活中的常识告诉我们，一般商品价格上升，需求量则下降；价格下降，需求量则上升. 因为需求量一般为价格的递减函数，所以需求弹性 $E_p$ 一般为负值. 因此，需求弹性的经济含义为：当某种商品的价格下降（或上升）1%时，其需求量将增加（或减少）约 $|E_p|$%.

当我们比较商品需求弹性的大小时，通常是比较其弹性的绝对值$|E_p|$的大小. 当我们说某种商品的需求弹性大时，通常指其绝对值大.

当$E_p=-1$（即$|E_p|=1$）时，称为**单位弹性**，即商品需求量的相对变化与价格的相对变化基本相等.

当$E_p<-1$（即$|E_p|>1$）时，称为**富有弹性**，即商品需求量的相对变化大于价格的相对变化，此时价格的变化对需求量的影响较大. 换句话说，适当降价会使需求量较大幅度上升，从而增加收入.

当$-1<E_p<0$（即$|E_p|<1$）时，称为**缺乏弹性**，即商品需求量的相对变化小于价格的相对变化，此时价格的变化对需求量的影响较小，在适当涨价后，不会使需求量有太大的下降，从而可以使收入增加.

在理解需求弹性的含义时要注意这样几点：

第一，在需求量与价格这两个变量中，价格是自变量，需求量是因变量，所以，需求弹性就是指价格变动引起的需求量变动的程度，或者说需求量变动对价格变动的反应程度。

第二，需求弹性反映了价格变动的比率与需求量变动的比率之间的数量关系，而不是价格变动的绝对量与需求量变动的比率. 因为绝对值有计量单位，而不同的计量单位是不能相比的，变动的比率采用百分比的形式，才可以相比. 例如，价格变动的绝对量是元或角，需求量变动的绝对值是千克或者吨，这当然是无法比的，但价格变动的百分比与需求量变动的百分比就可以相比.

第三，弹性的数值可以为正值，也可以为负值. 如果两个变量为同方向变化，则为正值；反之，如果两个变量为反方向变化，则为负值. 一般情况下，价格与需求量成反方向变动，所以价格增加，即价格的变动为正值时，需求量减少，即需求量的变动为负值；同理，当价格的变动为负值时，需求量的变动为正值. 所以，需求弹性的弹性系数应该为负值. 但在实际运用时，为了方便起见，一般都取绝对值.

第四，同一条需求曲线上不同点的弹性系数大小并不相同.

某种商品的需求量$q$（单位为百件）与价格$p$（单位为千元）

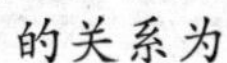

的关系为

$$q(p)=15\mathrm{e}^{-\frac{p}{3}},\ p\in[0,10].$$

求当价格为 9 千元时的需求弹性.

**解** $\because q'(p)=-5\mathrm{e}^{-\frac{p}{3}}$，根据公式 (2.12)，有

$$E_p=\frac{p}{q(p)}\cdot q'(p)=\frac{p}{15\mathrm{e}^{-\frac{p}{3}}}\cdot\left(-5\mathrm{e}^{-\frac{p}{3}}\right)=-\frac{p}{3}$$

$\therefore$当 $p=9$ 时，$E_p\Big|_{p=9}=-3.$

本例中，当价格 $p=9$ 千元时，需求弹性为$|E_p|=|-3|=3>1$，表示这种商品的需求量对价格富有弹性，即价格的变化对需求量有较大的影响. 也就是说，当价格上涨约 1%时，商品的需求量将减少约 3%；反之，当价格下降为 1%时，商品的需求量将增加约 3%.

**例 2** 设某商品的需求函数为 $q(p)=150-2p^2\quad(0<p<8)$

(1) 求需求弹性；

(2) 讨论当价格为多少时，弹性分别为缺乏弹性、单位弹性、富有弹性？

**解** (1) $\because q'(p)=-4p$，根据公式 (2.12)，得

$$E_p=\frac{p}{q(p)}\cdot q'(p)=\frac{p}{150-2p^2}\cdot(-4p)$$

$$=\frac{-2p^2}{75-p^2}$$

(2) 令 $E_p=-1$，解得 $p=5$，即当价格 $p=5$ 时，$|E_p|=1$ 是单位弹性.

令$|E_p|<1$，解得 $0<p<5$，即当价格 $0<p<5$ 时，$|E_p|<1$ 是缺乏弹性.

令$|E_p|>1$，解得 $5<p<8$，即当价格 $5<p<8$ 时，$|E_p|>1$ 是富有弹性.

在市场经济中，企业经营者关心的是商品涨价 ($\Delta p>0$) 或降价 ($\Delta p<0$) 对总收入的影响程度. 利用需求弹性概念可以知道涨价未必增

收，降价未必减收.

因为

$$E_p=\frac{p}{q}\cdot\frac{\mathrm{d}q}{\mathrm{d}p},\qquad p\mathrm{d}q=E_p\cdot q\mathrm{d}p$$

当商品价格 $p$ 有微小变化（$|\Delta p|$ 非常小）时，商品销售收入 $R=pq$ 的改变量为

$$\begin{aligned}\Delta R &= \Delta(pq)\approx \mathrm{d}(pq)\\ &=(pq)'_p\mathrm{d}p = q\mathrm{d}p + pq'\mathrm{d}p\\ &= q\mathrm{d}p + E_p q\mathrm{d}p\\ &= (1+E_p)q\mathrm{d}p\end{aligned}$$

即

$$\Delta R\approx(1-|E_p|)q\mathrm{d}p\approx(1-|E_p|)q\Delta p \tag{2.13}$$

所以，当 $|E_p|>1$ 时，商品涨价，即 $\Delta p>0,(1-|E_p|)<0$，由 (2.13) 式得到 $\Delta R\approx(1-|E_p|)q\Delta p<0$，商品销售总收入减少，因此：当 $|E_p|>1$ 时，商品涨价（$\Delta p>0$），商品销售总收入减少（$\Delta R<0$）；商品降价，即 $\Delta p<0,(1-|E_p|)<0$，由（2.13）式得到 $\Delta R\approx(1-|E_p|)q\Delta p>0$，商品销售总收入增加，因此：当 $|E_p|>1$ 时，商品降价（$\Delta p>0$），商品销售总收入增加（$\Delta R>0$）.

当 $|E_p|<1$ 时，商品涨价，即 $\Delta p>0,(1-|E_p|)>0$，由（2.13）式得到 $\Delta R\approx(1-|E_p|)q\Delta p>0$，商品销售总收入增加，因此：当 $|E_p|<1$ 时，商品涨价（$\Delta p>0$），商品销售总收入增加（$\Delta R>0$）；商品降价，即 $\Delta p<0,(1-|E_p|)>0$，由（2.13）式得到 $\Delta R\approx(1-|E_p|)q\Delta p<0$，商品销售总收入减少，因此：当 $|E_p|<1$ 时，商品降价（$\Delta p<0$），商品销售总收入减少（$\Delta R<0$）.

当 $|E_p|=1$ 时，$(1-|E_p|)=0$，由（2.13）式得到 $\Delta R\approx0$，此时商品涨价或降价对商品销售总收入基本没有影响.

**例 3** 已知某公司生产经营的某种电器的需求弹性在 1.5～3.5 之间，如果该公司计划在下一年度内将价格降低 10%，试问这种电器的销

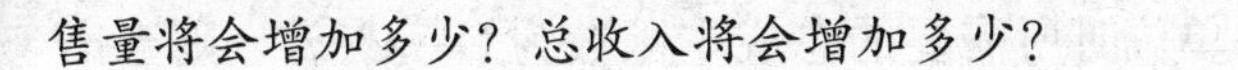
售量将会增加多少？总收入将会增加多少？

**解** 由需求弹性 $E_p=\frac{p}{q}q'$，得

$$\frac{\Delta q}{q}\approx E_p\frac{\Delta p}{p}$$

由 $\Delta R\approx(1-|E_p|)q\Delta p$ 和 $R=pq$，得

$$\frac{\Delta R}{R}\approx\frac{(1-|E_p|)q\Delta p}{pq}=(1-|E_p|)\frac{\Delta p}{p}$$

因此，当 $|E_p|=1.5$ 时，

$$\frac{\Delta q}{q}\approx-1.5\times(-0.1)=0.15=15\%$$

$$\frac{\Delta R}{R}\approx(1-1.5)\times(-0.1)=0.05=5\%$$

当 $|E_p|=3.5$ 时，

$$\frac{\Delta q}{q}\approx-3.5\times(-0.1)=0.35=35\%$$

$$\frac{\Delta R}{R}\approx(1-3.5)\times(-0.1)=0.25=25\%$$

即若在下一年度内将价格降低10%后，该公司这种电器的销售量将会增加15%～35%，总收入将会增加5%～25%.

在经济应用中，除了研究函数 $f(x)$ 随自变量 $x$ 的变化而变化的幅度外，还要研究函数 $f(x)$ 在自变量 $x$ 改变一个单位时的变化情况．这就是我们下面研究的边际问题．

### 2.4.2 边际分析

某厂商生产DVD机，月产量300台，获得利润15万元，如果月产量301台，获得利润15.06万元，即在月产量300台的基础上，再多生产一台，利润增加600元，我们通常称这种情形是边际利润为600元．因此，边际分析就是对最后增加一个单位自变量，所引起因变量值变化的分析．

下面我们来讨论在数学上如何表示边际成本、边际收入和边际利润.

1. 边际成本

设生产某种产品 $q$ 单位时所需要的总成本函数为 $C=C(q)$，则当产量 $q$ 有一个改变量 $\Delta q$ 时，总成本函数 $C(q)$ 有一个相应的改变量

$$\Delta C = C(q+\Delta q) - C(q)$$

那么，总成本函数 $C(q)$ 的平均变化率为

$$\frac{\Delta C}{\Delta q} = \frac{C(q+\Delta q) - C(q)}{\Delta q}$$

它表示产量由 $q$ 变到 $q+\Delta q$ 时，在平均意义下的成本.

当总成本函数 $C(q)$ 可导时，其边际成本定义为

$$\lim_{\Delta q \to 0} \frac{\Delta C}{\Delta q} = \lim_{\Delta q \to 0} \frac{C(q+\Delta q) - C(q)}{\Delta q} = C'(q) \quad (2.14)$$

**思考**

$\frac{\Delta C}{\Delta q} \approx C'(q) \Rightarrow$
$\Delta C \approx C'(q)\Delta q$，
当 $\Delta q = 1$ 时，
$\Delta C = ?$

即边际成本是总成本函数 $C(q)$ 关于产量 $q$ 的导数，其经济含义是：当产量为 $q$ 时，再生产一个单位产品（即 $\Delta q=1$）所增加的总成本 $\Delta C(q)$ 约为 $C'(q)$. 因此，近似地记为

$$C(q+1) - C(q) = \Delta C(q) \approx C'(q) \quad (2.15)$$

**思考**

式 (2.15) 与微分的近似计算有何联系?

边际成本有时用 $MC$ 表示，即 $MC=C'(q)$.

**例 4** 一企业某产品的日生产能力为 500 台，日产品的总成本 $C$（单位为千元）是日产量 $q$（单位为台）的函数：

$$C(q) = 400 + 2q + 5\sqrt{q}, q \in [0,500].$$

求：(1) 当产量为 400 台时的总成本；

(2) 当产量为 400 台时的平均成本；

(3) 当产量为 400 台时的边际成本.

**解** 总成本函数为

$$C(q) = 400 + 2q + 5\sqrt{q}, q \in [0,500]$$

(1) 当产量为 400 台时，总成本为

$$C(400) = 400 + 2 \times 400 + 5 \times \sqrt{400} = 1\,300 \text{（千元）}$$

(2) 当产量为 400 台时，平均成本为

$$\frac{C(400)}{400} = \frac{1\,300}{400} = 3.25 \text{（千元/台）}$$

(3) 当产量为 400 台时，边际成本为

$$C'(q) = (400+2q+5\sqrt{q})'$$
$$=2+\frac{5}{2\sqrt{q}}$$

$$C'(400) = 2+\frac{5}{2\sqrt{400}} = 2.125 \text{（千元/台）}$$

上式中，$C'(400)=2.125$（千元/台）表示当产量为400台时，再多生产1台，成本将增加约2.125千元.

2. 边际收入

设销售某种产品$q$单位时的总收入函数为$R=R(q)$，则当销售量$q$有一个改变量$\Delta q$时，总收入函数$R(q)$有一个相应的改变量

$$\Delta R = R(q+\Delta q) - R(q)$$

那么，总收入函数$R(q)$的平均变化率为

$$\frac{\Delta R}{\Delta q} = \frac{R(q+\Delta) - R(q)}{\Delta q}$$

当总收入函数$R(q)$可导时，其边际收入定义为

$$\lim_{\Delta q \to 0} \frac{\Delta R}{\Delta q} = \lim_{\Delta q \to 0} \frac{R(q+\Delta q) - R(q)}{\Delta q} = R'(q) \tag{2.16}$$

即边际收入是总收入函数$R(q)$关于销售量$q$的导数. 边际收入有时用$MR$表示，即$MR=R'(q)$.

**例 5** 设某种家具的需求函数$q=1\ 200-3p$，其中$p$（单位为元）为家具的销售价格，$q$（单位为件）为需求量. 求销售该家具的边际收入函数，以及当销售量分别为450，600和750件时的边际收入.

**解** 由需求函数$q=1\ 200-3p$，得价格$p=\frac{1}{3}(1\ 200-q)$，总收入函数为

$$R(q) = pq = \frac{1}{3}(1\ 200-q)\cdot q = 400q - \frac{1}{3}q^2$$

所以，边际收入函数为

$$R'(q) = \left(400q - \frac{1}{3}q^2\right)' = 400 - \frac{2}{3}q$$

$$R'(450) = 400 - \frac{2}{3}\times 450 = 100$$

$$R'(600) = 400 - \frac{2}{3} \times 600 = 0$$

$$R'(750) = 400 - \frac{2}{3} \times 750 = -100$$

由该例可知，当家具的销售量为 450 件时，$R'(450) > 0$，说明总收入函数 $R(q)$ 在 $q=450$ 件附近是单调增加的，即销售量增加可使总收入增加，而且再多销售一件家具，总收入将增加约 100 元．当销售量为 600 件时，$R'(600) = 0$，说明总收入函数 $R(q)$ 达到最大值，再增加销售量，总收入将不会增加．当销售量为 750 件时，$R'(750) < 0$，说明总收入函数 $R(q)$ 在 $q=750$ 件附近是单调减少的，而且，再多销售一件家具，总收入将减少约 100 元．

3. 边际利润

设销售某种产品 $q$ 单位时的利润函数为 $L = L(q)$，则当 $L(q)$ 可导时，称 $L'(q)$ 为当销售量为 $q$ 单位时的**边际利润**.

因为利润函数 $L(q)$ 等于总收入函数 $R(q)$ 减去总成本函数 $C(q)$，即

$$L(q) = R(q) - C(q)$$

那么，由导数运算法则可知

$$L'(q) = R'(q) - C'(q)$$

所以，边际利润 $L'(q)$ 等于边际收入 $R'(q)$ 减去边际成本 $C'(q)$．

**例 6** 某煤炭公司每天生产 $q$ 吨煤的总成本函数为：

$$C(q) = 2\,000 + 450q + 0.02q^2$$

如果每吨煤的销售价为 490 元，求：

(1) 边际成本函数 $C'(q)$；

(2) 利润函数 $L(q)$ 及边际利润函数 $L'(q)$；

(3) 边际利润为零时的产量.

**解** (1) $\because C(q) = 2\,000 + 450q + 0.02q^2$

$\therefore C'(q) = 450 + 0.04q$

(2) $\because$总收入函数 $R(q) = pq = 490q$

$\therefore$利润函数为

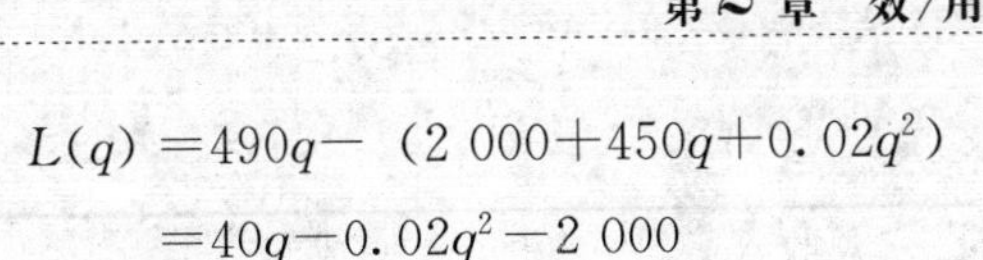

$$L(q)=490q-(2\,000+450q+0.02q^2)$$
$$=40q-0.02q^2-2\,000$$

边际利润函数为

$$L'(q)=40-0.04q$$

(3) 当边际利润为零时，即

$$L'(q)=40-0.04q=0$$

由此可得 $q=1\,000$（吨）.

导数除了可以解决弹性和边际问题，还有一个重要的应用，就是求最大（小）值问题.

下面我们来讨论经济生活中的最大值与最小值.

### 2.4.3 经济生活中的最大值与最小值

企业经理们所面临的经营决策问题有很多属于最优化问题. 例如，与利润最大化和平均成本最低化有关的决策问题，这类问题可用列表解决，但有时候也需要用数学中的导数来解决.

例如，一家企业从销售中得到的总收入函数为 $R(q)=20q-q^2$，式中 $q$ 为产量，假定总成本为 $C(q)=50+4q$. 已知企业的目标是利润最大化，那么，能够使利润达到最大的产量应为多少？

我们可以通过列表显示各个产量上的收入、成本和利润，见表 2—5.

**表 2—5**

| 产量 ($q$) | 总收入 ($R$) | 总成本 ($C$) | 总利润 ($R-C$) |
|---|---|---|---|
| 0 | 0 | 50 | −50 |
| 1 | 19 | 54 | −35 |
| 2 | 36 | 58 | −22 |
| 3 | 51 | 62 | −11 |
| 4 | 64 | 66 | −2 |
| 5 | 75 | 70 | 5 |
| 6 | 84 | 74 | 10 |
| 7 | 91 | 78 | 13 |

续前表

| 产量 $(q)$ | 总收入 $(R)$ | 总成本 $(C)$ | 总利润 $(R-C)$ |
|---|---|---|---|
| 8 | 96 | 82 | 14 |
| 9 | 99 | 86 | 13 |
| 10 | 100 | 90 | 10 |
| 11 | 99 | 94 | 5 |

从表中看出，在产量为 8 时，总收入为 96，总成本为 82，利润为 14，这是最大利润. 表面上看这样的算法似乎很简单，但如果利润最大化的产量不是 8 而是 80 000 或 800 000 000 怎么办？虽然用上面的方法也能得到结果，但需要花很多的时间，效率不高；如果企业有两种产品的产量（$q_1$ 和 $q_2$）和三种投入要素（土地、劳力和资本），又该怎么办？在这些情况下，用上面列表法来确定利润最大化的产量实际上就行不通了. 因此，我们需要一种更好的方法使解题过程更加准确、更加直接. 应用导数就可以很简单地解决经济问题中的最优化问题.

在上面的例子中，总利润

$$L(q)=R-C=20q-q^2-(50+4q)$$
$$=-q^2+16q-50$$
$$L'(q)=-2q+16$$

令 $L'(q)=-2q+16=0$，解得 $q=8$

因为有意义的驻点唯一，故 $q=8$ 个单位时利润最大.

最大利润为 $L(8)=-8^2+16\times8-50=14$（单位）.

**例 7** 设生产某产品的成本 $C(q)$（单位为万元）是产量 $q$（单位为台）的函数：

$$C(q)=\frac{1}{25}q^2+3q+100$$

求使平均成本最小的产量. 并求最小平均成本是多少？

**解** 要求使平均成本最小的产量，即求产量为多少时平均成本最小，是求平均成本的最小值.

平均成本 $\overline{C}(q)=\dfrac{C(q)}{q}=\dfrac{1}{25}q+3+\dfrac{100}{q}$

$$\overline{C}'(q)=\frac{1}{25}-\frac{100}{q^2}=0$$

解得 $q_1=50$，$q_2=-50$（舍去），

因为有意义的驻点唯一，故 $q=50$ 台是所求的最小值点．当产量为 50 台时，平均成本最小．

最小平均成本为

$$\overline{C}(50)=\left(\frac{1}{25}q+3+\frac{100}{q}\right)\bigg|_{q=50}=7\ (\text{万元/台})$$

一般而言，如果平均成本 $\overline{C}(q)=\dfrac{C(q)}{q}$ 可导，由

$$\overline{C}'(q)=\frac{qC'(q)-C(q)}{q^2}=\frac{1}{q}(C'(q)-\overline{C}(q))=0$$

可知，当 $\overline{C}(q)$ 在点 $q_0$ 处取得极小值时，有 $C'(q)=\overline{C}(q)$，即对于成本函数，最小平均成本等于其相应的边际成本．

**例 8** 某厂生产某种产品的固定费用是 1 000 万元，每多生产 1 台该种产品，其成本增加 10 万元，又知对该产品的需求函数为 $q=120-2p$（其中 $q$ 是产量，单位为台；$p$ 是价格，单位为万元）．求：

(1) 使该产品利润最大的产量；

(2) 该产品的边际收入．

**解** 要求产量为多少时利润最大，应先求出利润函数，要求利润函数应先求收入函数和成本函数．收入＝销售量×销售价格，成本＝固定成本＋变动成本，利润＝收入－成本．

(1) 设总成本函数为 $C(q)$，收入函数为 $R(q)$，利润函数为 $L(q)$，则

$$C(q)=10q+1\,000\ (\text{万元})$$

$$R(q)=qp=60q-\frac{1}{2}q^2\ (\text{万元})$$

$$L(q)=R(q)-C(q)=50q-\frac{1}{2}q^2-1\,000\ (\text{万元})$$

$$L'(q)=50-q=0$$

得到 $q=50$（台）.

因为驻点唯一，故 $q=50$ 台是所求最小值点. 即生产 50 台的该种产品能获最大利润.

(2) 因为 $R(q)=60q-\frac{1}{2}q^2$，故边际收入 $R'(q)=60-q$（万元/台）.

**例 9** 某旅行社组织去风景区的旅游团，如果每团人数不超过 30 人，飞机票每张收费 900 元；如果每团人数多于 30 人，则给予优惠，每多 1 人，机票每张减少 10 元，直至每张机票降为 450 元. 每团乘飞机，旅行社需付给航空公司包机费 15 000 元.

(1) 写出飞机票的价格函数；

(2) 每团人数为多少时，旅行社可获得最大利润？最大利润是多少？

**解** 依题意，对旅行社而言，机票收入是收益，付给航空公司的包机费是成本. 设 $x$ 表示每团人数，$p$ 表示飞机票的价格.

(1) 因为 $\frac{900-450}{10}=45$，所以每团人数最多为 $30+45=75$ 人，因此飞机票的价格函数为：

$$p=\begin{cases}900, & 1\leqslant x\leqslant 30\\ 900-10\times(x-30), & 30<x\leqslant 75\end{cases}\quad (x\text{ 取正整数})$$

(2) 旅行社的利润函数为：

$$\begin{aligned}L(x)&=R(x)-C(x)=xp-15\,000\\&=\begin{cases}900x-15\,000, & 1\leqslant x\leqslant 30\\ 900x-10\times(x-30)x-15\,000, & 30<x\leqslant 75\end{cases}\end{aligned}$$

因为 $L'(x)=\begin{cases}900, & 1\leqslant x\leqslant 30\\ 1\,200-20x, & 30\leqslant x\leqslant 75\end{cases}$

由 $L'(x)=0$，得 $x=60$.

因为驻点唯一，故 $x=60$ 人时利润最大，即每团为 60 人时可获得最大利润，最大利润是 $L(60)=21\,000$（元）.

下面我们用本章学习的知识来解决本章开始时提出的 **"你会吃几颗**

巧克力”的问题. 由已知条件我们可以得到图 2—15.

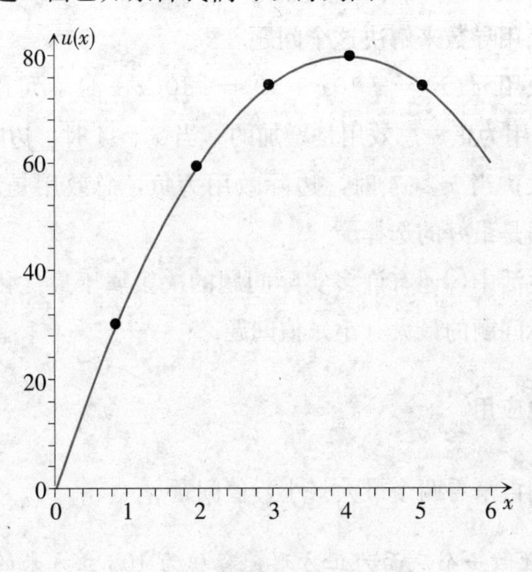


图 2—15

用最小二乘法可得到效用函数 $u(x) = -5x^2 + 40x$.

其中 $u$ 表示总效用，$x$ 表示巧克力的消费量.

> **提示**
> 最小二乘法将在以后学习，大家也可以验证上面的几个点满足所给的函数方程.

边际效用 $u'(x) = (-5x^2 + 40x)' = -10x + 40$

吃一颗巧克力时的边际效用为 $u'(1) = -10 + 40 = 30$

吃两颗巧克力时的边际效用为 $u'(2) = -10 \times 2 + 40 = 20$

吃三颗巧克力时的边际效用为 $u'(3) = -10 \times 3 + 40 = 10$

吃四颗巧克力时的边际效用为 $u'(4) = -10 \times 4 + 40 = 0$

吃五颗巧克力时的边际效用为 $u'(5) = -10 \times 5 + 40 = -10$

由边际效用 $u'(1) > 0, u'(2) > 0, u'(3) > 0$，可知：吃一颗到三颗巧克力时（$x < 4$），边际效用为正，说明吃一颗到三颗巧克力时，每多吃一颗巧克力，效用增加；由边际效用 $u'(4) = 0$，可知：吃四颗巧克力时（$x = 4$），再多吃一颗巧克力效用不变；由边际效用 $u'(5) < 0$，可知：吃五颗巧克力时（$x > 4$），边际效用为负，说明吃第五颗巧克力时再多吃一颗巧克力效用减少. 通过上面的分析，请问如果是你，你会选择吃几颗巧克力？事实上，吃一到三颗巧克力时，效用增加；吃第四颗巧克力时效用最大；吃第五颗巧克力时效用减少. 因此，你一定会选择吃四

颗巧克力.

下面我们用导数来解决这个问题.

由边际效用 $u'(x)=-10x+40=-10(x-4)$，可以看出：当 $x<4$ 时，边际效用为正，总效用是增加的；当 $x=4$ 时，边际效用为 0，总效用达到最大；当 $x>4$ 时，边际效用为负，总效用是减少的. 因此，吃四颗巧克力是最好的选择.

在现实生活中，还有许多实际问题的决策属于最优化问题，下面我们来讨论实际问题的最大（小）值问题.

### 2.4.4 其他应用

下面我们再来看两个最大（小）值问题

**例 10** 欲做一个底面为正方形，容积为 108 立方米的长方体开口容器，怎样做所用的材料最省?

分析：先建立函数表达式，再求最小值.

**解** 设底边边长为 $x$，高为 $h$，所用材料为 $y$

则 $x^2h=108$，$h=\dfrac{108}{x^2}$

$$y=x^2+4xh$$

$$=x^2+4x\frac{108}{x^2}=x^2+\frac{432}{x}$$

$$y'=2x+\frac{-432}{x^2}=\frac{2x^3-432}{x^2}$$

令 $y'=0$，得 2（$x^3-216$）=0，得 $x=6$，

因为 $x>6, y'>0; x<6, y'<0$，所以 $x=6, y=108$ 为最小值. 此时 $h=3$. 于是可得知，以 6 米为底边长、3 米为高，做长方体容器用料最省.

**例 11** 圆柱形罐头，高度 $H$ 与半径 $R$ 应怎样配，才能使同样容积下材料最省?

分析：先建立函数表达式，再求最小值.

**解** 由题意可知：$V=\pi R^2\cdot H$ 为一常数，

面积为：$S=2\pi R^2+2\pi R\cdot H=2\pi R(R+H)=2\pi R\left(R+\dfrac{V}{\pi R^2}\right)$

故在 $V$ 不变的条件下，改变 $R$ 使 $S$ 取最小值.

$$\frac{\mathrm{d}S}{\mathrm{d}R}=4\pi R-\frac{2V}{R^2}=0$$

$$R^3=\frac{V}{2\pi}=\frac{1}{2\pi}\cdot\pi R^2\cdot H=\frac{R^2}{2}H$$

故：$R=\dfrac{H}{2}$时，所用材料最省.

## 简单练习 2.4

1. 某产品的销售量 $q$ 与价格 $p$ 之间的关系式为 $q=\dfrac{1-p}{p}$，求需求弹性 $E_p$. 如果销售价格为 0.5，试确定 $E_p$ 的值.
2. 设某商品的需求量 $q$ 与价格 $p$ 的函数关系为 $q(p)=1\,200\left(\dfrac{1}{4}\right)^p$，求需求量 $q$ 对于价格 $p$ 的弹性.
3. 已知生产某种商品的总成本 $C$（单位为千元）与产量 $q$（单位为千克）的关系为

$$C(q)=4q+2\sqrt{q}+500$$

求生产 900 千克该产品时的总成本、单位成本和边际成本.

4. 设一市场对某商品的需求量 $q$ 与价格 $p$ 的关系为 $q=50-5p$，求其边际需求及边际价格.
5. 某厂每月生产 $q$（单位为百件）产品的总成本为 $C(q)=q^2+2q+100$（单位千元）. 若每百件的销售价格为 4 万元，试写出利润函数 $L(q)$，并求当边际利润为 0 时的月产量.
6. 生产某商品 $q$ 千克的利润为

$$L(q)=-\frac{1}{3}q^3+6q^2-11q-40(\text{万元})$$

问生产多少千克时，能使利润最大？最大利润为多少？

7. 有一个企业生产某种产品，每批生产 $q$ 个单位的总成本为 $C(q)=3+q$（百元），可得的总收入为 $R(q)=6q-q^2$（百元）. 问每批生产该产品多少个单位时，能使利润最大？最大利润是多少？

8. 欲做一个底面为正方形，容积为 $108\text{m}^3$ 的开口容器，怎样做可使所用的材料最省？

1. 求下列函数的极限：

   (1) $\lim\limits_{x\to2}\dfrac{x^2+5}{x-3}$；　　(2) $\lim\limits_{x\to\infty}\left(2-\dfrac{1}{x}+\dfrac{1}{x^2}\right)$；

   (3) $\lim\limits_{x\to1}\dfrac{x^2-1}{x^2-3x+2}$；　　(4) $\lim\limits_{x\to0}\dfrac{1-\sqrt{1-2x}}{x}$.

2. 讨论当 $k$ 为何值时，函数 $f(x)=\begin{cases}x^2-1, & x\neq0\\ k, & x=0\end{cases}$ 在 $x=0$ 处连续.

3. 求下列函数的连续区间：

   (1) $f(x)=\dfrac{x^2-4x+4}{x-2}$；

   (2) $f(x)=\begin{cases}\dfrac{x^2-1}{x-1}, & x\neq1,\\ 4\ , & x=1.\end{cases}$

4. 求下列函数的导数或微分.

   (1) $y=3x^2+3^x-\text{e}^x-5$，求 $y'$.

   (2) $y=x^2\text{e}^x$，求 $\text{d}y$.

   (3) $y=\ln(2\sqrt{x}-1)$，求 $y'$.

   (4) $y=2^{x^2}+\sqrt{\text{e}^{-2x}}$，求 $y'$.

   (5) $y=\dfrac{1}{\sqrt{2-3x}}$，求 $\text{d}y$.

   (6) $y=(2x-1)\sqrt{1-x^2}$，求 $y'$.

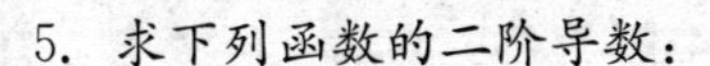

5. 求下列函数的二阶导数：

(1) $y=x^4-5x^3+2x^2-x-1$；

(2) $y=\ln(1+x)$.

6. 求函数 $y=x-\ln x^2$ 的单调区间.

7. 求函数 $y=x^2\mathrm{e}^{-x}$的极值.

8. 求下列函数在指定区间的最大值和最小值：

(1) $f(x)=2x^3-6x^2-18x+7,[1,4]$；

(2) $f(x)=\dfrac{x^2}{1+x},\left[-\dfrac{1}{2},1\right]$.

9. 某工厂生产的某产品，固定成本为 400（单位为万元），多生产一个单位产品，成本增加 10 万元，设产品产销平衡且产品的需求函数为 $q=1\ 000-50p$（$q$ 为产品的产量，$p$ 为价格），问该厂生产多少单位的产品时，所获利润最大？最大利润是多少？

10. 求 200 米长的篱笆所围成的面积最大的矩形的尺寸.

第  章

# 生产效率与偏导数

## 人多未必好办事

俗话说:“一个和尚挑水吃,两个和尚抬水吃,三个和尚没水吃.”讲的是人多未必好办事.这样的事情在我们身边经常发生,下面介绍的就是一个典型的例子.

转盘是某电工机械厂制造大型连续卷管机的关键部件,用 4 台机床进行加工,且日产转盘的情况如表 3—1.

**表 3—1　　转盘日产统计表**

| 工人数 | 机床数 | 总产量 | 人均产量 | 边际[①]产量 |
|---|---|---|---|---|
| 4 | 4 | 28 | 7.0 | |
| 5 | 4 | 42 | 8.4 | 14 |
| 6 | 4 | 54 | 9.0 | 12 |
| 7 | 4 | 63 | 9.0 | 9 |
| 8 | 4 | 70 | 8.75 | 7 |
| 9 | 4 | 74 | 8.22 | 4 |
| 10 | 4 | 74 | 7.4 | 0 |
| 11 | 4 | 71 | 6.45 | −3 |

开始时,有 4 名工人加工,一人一台机床.由于每个人既要操作机床,又要做必要的辅助工作(如卡零件,借用工具,相互传递,打扫卫生等),

① “边际”在经济分析中通常是指一个量的变化率.

使机床的生产效率没有得到充分发挥，结果日总产量为 28 件，人均产量只有 7 件.

当增加一个人后，有一个人做辅助工作，其他 4 个人能够把大部分时间用在机床上，日总产量增加到 42 件，人均产量有 8.4 件，边际产量为 14 件.

当增加到 7 个人时，由于新投入的第三个人可干的活不多，总产量虽然增加到 63 件，但人均产量保持不变. 劳动力为 10 人时，总产量达到最大，人均产量从递增到递减，边际产量从最大到零. 这是边际报酬递减阶段①，总产量的增加速率是递减的.

在这个案例中，把生产转盘的主要因素归结为工人数和机床数两个要素. 因此，转盘的总产量与工人数和机床数两个要素之间存在一种关系，这种关系通过表的形式表示了出来. 其实，在实际生活中，很多现象都是要用两个以上因素来描述的. 例如，某种商品的需求量 $Q$，不仅取决于该商品的价格，还取决于消费者的收入以及时间等诸多因素. 要描述和研究多个因素或多个量之间的关系和变化，就需要引入多元函数和偏导数的概念.

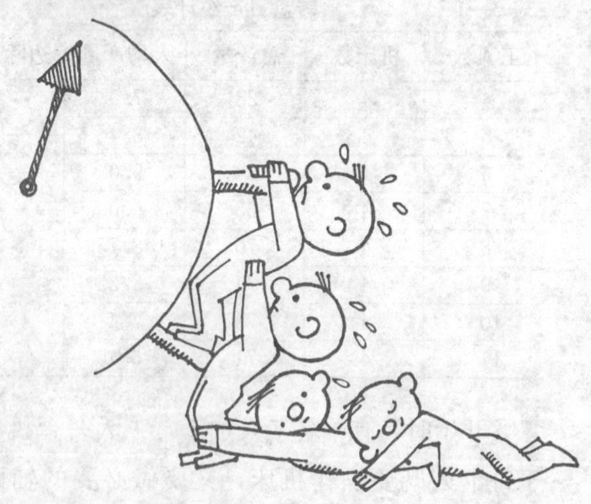

① 边际报酬递减法则是指，在一定投入条件下，当其他投入不变时，一种生产要素的投入量增加到一定的数量以后，总产量的增量（即边际产量）将会出现递减趋势.

本章主要介绍二元函数与连续的概念，一阶偏导数的概念和计算方法，二元函数的极值与最值，偏导数在经济管理中的应用等内容．这些概念和方法是前面各章节介绍过的一元函数微分学的自然推广和发展，它们之间既有相似之处，也有较大的差别．

# 3.1 二元函数与偏导数

在前面的案例中，我们把转盘的产量设为 $Q$，其他要素（包括机床数 $Y_0=4$ 在内）固定不变，只变动一种投入要素劳动力 $L$，这时企业的生产函数为

$$Q=f(L,Y_0)$$

在企业现实生产中，生产函数大多数并非是一次的（或线性的）．为简单起见，通常假设生产函数为一次函数或可以化为一次的生产函数．常见的两个生产函数是：

**思考**

复习一元函数的定义.

**提示**

齐次的概念在后面阐述.

（1）线性齐次生产函数

$$Q=aL+bK \tag{3.1}$$

线性齐次生产函数的特征是，产量是要素（劳动力 $L$ 与资本 $K$）投入的线性和．这就意味着：要素 $L$，$K$ 之间可以互相替代，即 $L$，$K$ 能够单独提供产量；要素投入的规模报酬不变，即投入的各要素同时增加多少倍时，产量也增加多少倍．

（2）柯布—道格拉斯[①]生产函数

$$Q=AL^{\alpha}K^{\beta} \tag{3.2}$$

其中：$A>0$，为规模参数，$\alpha,\beta$ 为正常数．

显然，上面两个生产函数都是两个投入要素 $L$(劳动力）和 $K$（资本）的函数，为此我们需要引入二元函数的概念．

① 柯布（Cobb，C. W），美国数学家；道格拉斯（Douglas，P. H），美国经济学家．两人根据美国制造业的统计资料，在1928年发表了反映投入与产出关系的生产函数．

### 3.1.1 二元函数的概念

在讨论一元函数时，通常用区间表示一元函数的定义域，而在二元函数的概念中，将要涉及平面区域的概念．

**提示**

分析区间与区域相同和不同之处.

一般地，将平面上由一条曲线或几条曲线围成的部分，叫做平面区域，或称为“区域”．

例如，$xy$ 平面上以原点为中心，$a$ 为半径的圆内部区域为

$$A=\{(x,y)\mid x^2+y^2<a^2\}$$

$xy$ 平面上第一象限(包含 $x$ 轴和 $y$ 轴）的区域为

$$B=\{(x,y)\mid x\geqslant 0,y\geqslant 0\}$$

围成区域的曲线称为区域的边界．不包括边界上任何点的区域称为开区域，包括全部边界的区域称为闭区域，包括部分边界的区域称为半开半闭区域．

设 $P_0(x_0,y_0)$ 为 $xy$ 平面上的一定点，$\delta$ 为一正数，则以 $P_0$ 为圆心，$\delta$ 为半径的开圆区域为

$$D_\delta=\{(x,y)\mid (x-x_0)^2+(y-y_0)^2<\delta^2\}$$

$D_\delta$ 称为点 $P_0$ 的 $\delta$ 邻域．

被包含在某一个以原点为圆心，半径充分大（但为有限数）的圆周内的区域，称为有界区域，否则称为无界区域．如圆形区域、矩形区域都是有界区域，而第一象限、无限延伸的扇形都是无界区域．

**定义 3.1**

设 $D$ 为 $xy$ 平面上的一个区域，如果对 $D$ 中的任意一点 $(x,y)$，按照某种规则 $f$，都有唯一确定的数值 $z$ 与点 $(x,y)$ 对应，则称变量 $z$ 是变量 $x$ 和 $y$ 的**二元函数**，记作

$$z=f(x,y),(x,y)\in D \qquad (3.3)$$

其中，$x$ 和 $y$ 称为自变量，$z$ 称为因变量，区域 $D$ 称为函数 $z=f(x,y)$ 的定义域．

**思考**

二元函数与一元函数的定义域有何区别?

与一元函数相同，二元函数也是由对应规则 $f$ 和定义域 $D$ 这两个因素决定的．

**例 1** 求函数 $z=\sqrt{a^2-x^2-y^2}\,(a>0)$ 的定义域．

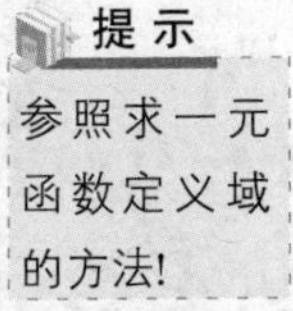


**解** 因为按照平方根的要求，有

$$a^2-x^2-y^2\geqslant 0$$

即 $$x^2+y^2\leqslant a^2$$

所以，函数的定义域为

$$D=\{(x,y)\mid x^2+y^2\leqslant a^2\}$$

在平面直角坐标系中，它表示以原点为圆心，半径为 $a$ 的圆内部和圆周．见图3—1.

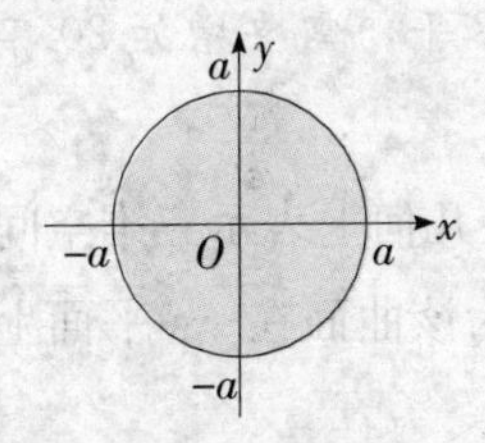


图3—1 $z=\sqrt{a^2-x^2-y^2}$ 的定义域

**例 2** 求函数 $z=\ln(x+y)$ 的定义域．

**解** 因为按照对数函数的要求，有

$$x+y>0$$

所以，函数的定义域为

$$D=\{(x,y)\mid x+y>0\}$$

在平面直角坐标系中，它表示直线 $x+y=0$（不含直线）右上半平面．见图3—2.

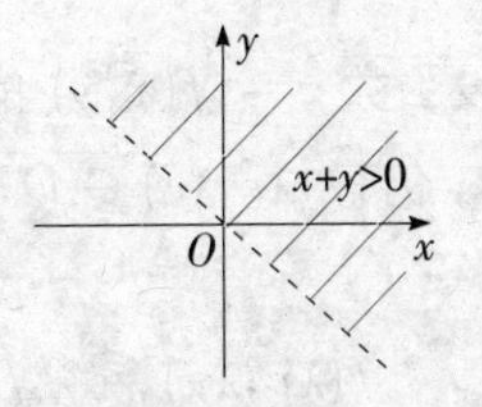


图3—2 $z=\ln(x+y)$ 的定义域

**例 3** 一家农场的生产函数为：

$$Q=10L^{0.7}N^{0.3}$$

式中，$Q$ 为产量，$L$ 和 $N$ 分别为劳动力和土地的投入量．在上一生产期，农场使用了 500 公顷土地和 200 单位劳动力，生产的产量为 2 633 单位．由于农场参加了政府的一个土壤储备计划，它必须在下一生产期让 100 公顷土地休耕，问：

(1) 如果土地减少而劳动力投入量不变，下一生产期的产量将是多少？

(2) 为了保持上一生产期的产量水平，需要增加多少单位的劳动力？

**解** (1) 当 $L=200, N=400$ 时，

$$Q(200,\ 400)=10\times200^{0.7}\times400^{0.3}=2\ 462$$

即下一期的产量将是 2 462 单位．

(2) 令 $Q(L,400)=10\times L^{0.7}\times400^{0.3}=2\ 633$

得 $$L^{0.7}=2\ 633\div10\div400^{0.3}=43.634\ 6$$

$$L=220$$

即为了保持上一期的产量水平，需要增加 20 单位的劳动力．

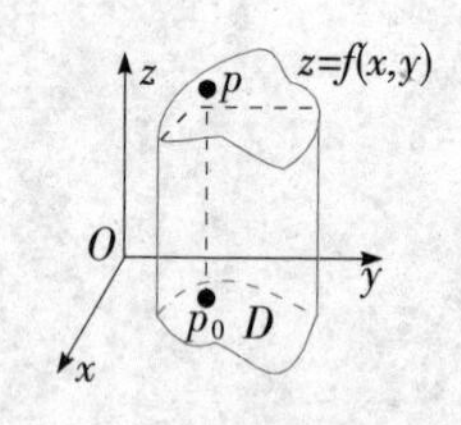


图 3—3　二元函数的几何意义

一般而言，二元函数在几何上表示三维空间的一张曲面，其定义域 $D$ 为该曲面在 $xy$ 平面上的投影．见图 3—3.

有一类函数是经济学中经常遇到的，就是齐次函数．

**定义 3.2**

设函数 $z=f(x,y)$ 的定义域为 $D$，且当 $(x,y)\in D$ 时，对任意 $\lambda\in\mathbf{R}$，仍有 $(\lambda x,\lambda y)\in D$．如果存在常数 $k$，使得对任意的 $(x,y)\in D$，恒有

$$f(\lambda x,\lambda y)=\lambda^k f(x,y) \tag{3.4}$$

则称函数 $z=f(x,y)$ 为 $k$ 次**齐次函数**．

例如，对任意非零数 $\lambda$，用 $\lambda L$ 和 $\lambda K$ 代入公式 (3.1)，则有

$$Q(\lambda L,\lambda K)=a\lambda L+b\lambda K$$

$$=\lambda(aL+\lambda K)=\lambda Q(L,K)$$

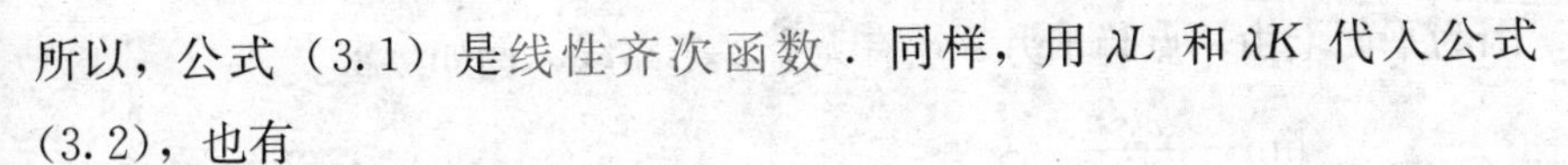

所以，公式（3.1）是线性齐次函数．同样，用 $\lambda L$ 和 $\lambda K$ 代入公式（3.2），也有

$$Q(\lambda L,\lambda K)=A(\lambda L)^{\alpha}(\lambda K)^{\beta}$$
$$=A\lambda^{\alpha+\beta}L^{\alpha}K^{\beta}=\lambda^{\alpha+\beta}Q(L,K)$$

所以，柯布—道格拉斯生产函数是 $\alpha+\beta$ 次齐次函数．当 $\alpha+\beta=1$ 时，叫做线性齐次函数，表示产出与投入是以同样比例增减的，称之为规模报酬不变；当 $\alpha+\beta>1$ 时，生产扩大 $\lambda$ 倍，产出将扩大 $\lambda^{\alpha+\beta}$ 倍，称之为规模报酬递增；当 $\alpha+\beta<1$ 时，生产扩大 $\lambda$ 倍，产出的扩大小于 $\lambda$ 倍，称之为规模报酬递减．

### 3.1.2 二元函数的连续性

与一元函数类似，我们可以给出二元函数的极限与连续性概念．

**定义 3.3**

设函数 $z=f(x,y)$ 在点 $(x_0,y_0)$ 的某个邻域内有定义（点 $(x_0,y_0)$ 可以除外），$(x,y)$ 是该邻域内的任意一点．当点 $(x,y)$ 以任何方式无限趋近于点 $(x_0,y_0)$ 时，函数 $f(x,y)$ 就无限趋近于一个确定的常数 $A$，则称 $A$ 是函数 $f(x,y)$ 当 $x\to x_0,y\to y_0$ 时的**极限**，记作

$$\lim_{\substack{x\to x_0\\y\to y_0}}f(x,y)=A \text{ 或 } f(x,y)\to A(\text{当 } x\to x_0,y\to y_0)$$

**例 4** 求极限 $\lim\limits_{\substack{x\to 1\\y\to 2}}(3x+y)$

**解** 因为当 $x\to 1$，$y\to 2$ 时，$3x\to 3$，$y\to 2$

所以 $$\lim_{\substack{x\to 1\\y\to 2}}(3x+y)=5.$$

由定义 3.3 可知，点 $(x,y)$ 趋近于点 $(x_0,y_0)$ 的方式是任意的．也就是说，当点 $(x,y)$ 按某一特殊方式趋近于点 $(x_0,y_0)$，函数 $z=f(x,y)$ 的极限存在时，不能保证在点 $(x_0,y_0)$ 处，函数 $z=f(x,y)$ 的极限存在．这是

**提示**

二元函数当 $(x,y)$ 趋于 $(x_0,y_0)$ 时，要比一元函数中 $x$ 趋于 $x_0$ 时复杂得多。

因为平面上由一点趋于另一点有无穷多条路线．例如，求

$$\lim_{\substack{x\to 0\\ y\to 0}} \frac{xy}{x^2+y^2}$$

如果沿直线 $y=x$，当 $(x,y)\to(0,0)$ 时，有

$$\lim_{\substack{x\to 0\\ y\to 0}} \frac{xy}{x^2+y^2} = \lim_{\substack{x\to 0\\ y=x}} \frac{x^2}{x^2+x^2} = \frac{1}{2}$$

如果沿直线 $y=2x$，当 $(x,y)\to(0,0)$ 时，有

$$\lim_{\substack{x\to 0\\ y\to 0}} \frac{xy}{x^2+y^2} = \lim_{\substack{x\to 0\\ y=2x}} \frac{2x^2}{x^2+4x^2} = \frac{2}{5}$$

即沿不同路线，当 $(x,y)\to(0,0)$ 时，所得极限值是不同的．根据极限的定义，

$$\lim_{\substack{x\to 0\\ y\to 0}} \frac{xy}{x^2+y^2}$$

不存在．

有了二元函数的极限概念，我们就可以定义二元函数的连续性．

**提示**

复习一元函数连续性的定义！

**定义 3.4**

设函数 $z=f(x,y)$ 在点 $(x_0,y_0)$ 的某个邻域内有定义，如果满足

$$\lim_{\substack{x\to x_0\\ y\to y_0}} f(x,y) = f(x_0,y_0)$$

则称 $z=f(x,y)$ 在点 $(x_0,y_0)$ 处**连续**，点 $(x_0,y_0)$ 称为 $z=f(x,y)$ 的**连续点**．

若函数 $z=f(x,y)$ 在点 $(x_0,y_0)$ 处不连续，则称 $z=f(x,y)$ 在点 $(x_0,y_0)$ 处**间断**，点 $(x_0,y_0)$ 称为 $z=f(x,y)$ 的**间断点**．

由定义 3.4 可知，只有函数 $z=f(x,y)$ 满足下面三个条件，才能说它在点 $(x_0,y_0)$ 处连续．

(1) 函数 $z=f(x,y)$ 在点 $(x_0,y_0)$ 处有定义；

(2) 极限 $\lim\limits_{\substack{x\to x_0\\ y\to y_0}} f(x,y)$ 存在；

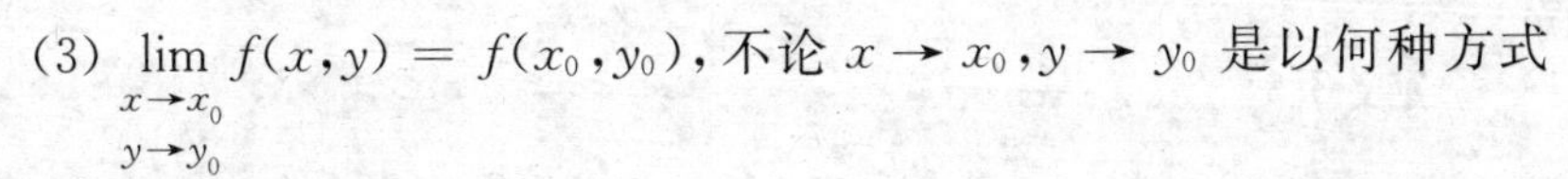

(3) $\lim\limits_{\substack{x \to x_0 \\ y \to y_0}} f(x,y) = f(x_0, y_0)$，不论 $x \to x_0, y \to y_0$ 是以何种方式达到.

由定义 3.4 可知，函数 $z = 3x + y$ 在点（1，2）处连续.

如果函数 $z = f(x,y)$ 在区域 $D$ 上每一点都连续，则称函数 $z = f(x,y)$ 在区域 $D$ 上连续，或称函数 $z = f(x,y)$ 为区域 $D$ 上的连续函数.

在区域 $D$ 内连续的二元函数，其几何图形是空间中的一张连续曲面.

与一元函数类似，二元函数有以下结论：

二元连续函数经过四则运算（分母上的函数，其值不为零）和复合后仍为二元连续函数.

如果函数 $f(x,y)$ 在有界闭区域 $D$ 上连续，则 $f(x,y)$ 必在 $D$ 上取得最大值和最小值.

> **思考**
> 为什么函数 $z=3x+y$ 在点 (1,2)处连续?

### 3.1.3 偏导数的概念

考虑公式（3.2）柯布—道格拉斯生产函数

$$Q = AL^{\alpha}K^{\beta}$$

假设资本 $K$ 保持不变，则产量 $Q$ 可以看作是劳动力 $L$ 的一元函数，由一元函数求导公式，可得

$$Q'_L = \alpha AL^{\alpha-1}K^{\beta}$$

$Q'_L$ 的经济含义即是在一定技术条件下，劳动力的微小变动所引起的总产量的变动.

类似地，假设劳动力 $L$ 保持不变，则产量 $Q$ 可以看作是资本 $K$ 的一元函数，且有

$$Q'_K = \beta AL^{\alpha}K^{\beta-1}$$

$Q'_K$ 的经济含义则是在一定技术条件下，资本的微小变动所引起的总产量的变动.

这种由一个变量变化、其余变量保持不变所得到的导数，称为多元函数的偏导数.

> **提示**
> 称 $Q'_L$ 为关于劳动力的边际产量.

> **提示**
> 称 $Q'_K$ 为关于资本的边际产量.

**定义 3.5**

设函数 $z=f(x,y)$ 在点 $(x_0,y_0)$ 的某个邻域内有定义，若固定 $y_0$ 后，极限

$$\lim_{\Delta x\to 0}\frac{f(x_0+\Delta x,y_0)-f(x_0,y_0)}{\Delta x} \tag{3.5}$$

存在，则称此极限为函数 $z=f(x,y)$ 在点 $(x_0,y_0)$ 处关于自变量 $x$ 的**偏导数**，记作 $f'_x(x_0,y_0)$，$\dfrac{\partial f(x_0,y_0)}{\partial x}$，$z'_x(x_0,y_0)$，或 $\dfrac{\partial z}{\partial x}\Big|_{(x_0,y_0)}$.

**提示**

复习一元函数的导数定义!

类似地，函数 $z=f(x,y)$ 在点 $(x_0,y_0)$ 处关于 $y$ 的偏导数，定义为下列极限

$$\lim_{\Delta y\to 0}\frac{f(x_0,y_0+\Delta y)-f(x_0,y_0)}{\Delta y} \tag{3.6}$$

记作 $f'_y(x_0,y_0)$，$\dfrac{\partial f(x_0,y_0)}{\partial y}$，$z'_y(x_0,y_0)$，或 $\dfrac{\partial z}{\partial y}\Big|_{(x_0,y_0)}$.

如果函数 $z=f(x,y)$ 在区域 $D$ 内每一点的偏导数 $f'_x(x,y)$，$f'_y(x,y)$ 都存在，则称函数 $z=f(x,y)$ 在区域 $D$ 内偏导数存在，记作

$$f'_x,\text{或}\frac{\partial f(x,y)}{\partial x},\frac{\partial z}{\partial x},z'_x;\qquad f'_y,\text{或}\frac{\partial f(x,y)}{\partial y},\frac{\partial z}{\partial y},z'_y$$

**思考**

求偏导数与一元函数的导数有何关系?

由偏导数的定义可知，函数 $z=f(x,y)$ 在点 $(x_0,y_0)$ 处的偏导数就是函数在点 $(x_0,y_0)$ 处沿 $x$ 轴或 $y$ 轴方向的瞬时变化率，即

$$f'_x(x_0,y_0)=\frac{\mathrm{d}}{\mathrm{d}x}f(x,y_0)\big|_{x=x_0};\ f'_y(x_0,y_0)=\frac{\mathrm{d}}{\mathrm{d}y}f(x_0,y)\big|_{y=y_0}$$

由此可知，求二元函数 $z=f(x,y)$ 关于某个自变量的偏导数，只需将另一个自变量看作常数，然后利用一元函数求导公式和求导法则求之.

**例 5** 设函数 $z=2x^2+3xy-6y^2$，求：

(1) 偏导数 $z'_x,z'_y$；

(2) 偏导数值 $z'_x\big|_{(1,1)},z'_y\big|_{(1,1)}$.

**解** (1) 将 $y$ 看作常数，对 $x$ 求导数，得

$$z'_x=(2x^2+3xy-6y^2)'_x=4x+3y$$

类似地，将 $x$ 看作常数，对 $y$ 求导数，得

$$z'_y=(2x^2+3xy-6y^2)'_y=3x-12y$$

(2) 将点 (1，1) 代入偏导数，得

$$z'_x|_{(1,1)}=4\times1+3\times1=7$$

$$z'_y|_{(1,1)}=3\times1-12\times1=-9$$

**例 6** 设函数 $z=xy+\ln x$，求

(1) 偏导数 $z'_x, z'_y$；

(2) 偏导数值 $z'_x|_{(1,-2)}, z'_y|_{(1,-2)}$.

**解** (1) 分别将 $y$ 和 $x$ 看作常数，并分别对 $x$ 和 $y$ 求导数，得

$$z'_x=(xy+\ln x)'_x=y+\frac{1}{x}$$

$$z'_y=(xy+\ln x)'_y=x$$

(2) 将点 (1，−2) 代入偏导数，得

$$z'_x|_{(1,-2)}=-2+1=-1$$

$$z'_y|_{(1,-2)}=1$$

**例 7** 求函数 $z=e^{5x^2+2y}$ 的偏导数.

**解** $z'_x=e^{5x^2+2y}\cdot(5x^2+2y)'_x=10xe^{5x^2+2y}$

$z'_y=e^{5x^2+2y}\cdot(5x^2+2y)'_y=2e^{5x^2+2y}$

## 简单练习 3.1

1. 求下列函数的定义域：

(1) $z=\sqrt{x^2+y^2-r^2}$；　　(2) $z=\dfrac{1}{\sqrt{x^2+y^2}}$；

(3) $z=\ln(-x-y)$；　　(4) $z=\ln(16-x^2-y^2)$.

2. $z=\ln(x^2-y^2)$ 与 $z=\ln(x+y)+\ln(x-y)$ 是否为同一函数？为什么？

3. 试证 $f(x,y)=\sqrt{x^4+y^4}-2xy$ 是二次齐次函数.

4. 求下列函数在给定点处的偏导数：

(1) 设 $z=x^3+y^3-3xy$，求 $z'_x(1,2)$，$z'_y(1,2)$.

(2) 设 $z=\frac{2x}{x-y}$，求 $z'_x(3,1)$，$z'_y(3,1)$.

(3) 设 $z=\mathrm{e}^{x^2+y^2}$，求 $z'_x(0,1)$，$z'_y(1,0)$.

(4) 设 $z=\ln\left(x+\frac{y}{2x}\right)$，求 $z'_x(1,2)$，$z'_y(2,2)$.

5. 求下列函数的一阶偏导数：

(1) $z=xy^2$；　　(2) $z=15+x^2+2xy+3y^2$；

(3) $z=y\mathrm{e}^{\frac{x}{y}}$；　　(4) $z=\frac{x-y}{x+y}$；

(5) $z=xy-\ln x$；　　(6) $z=\ln(x^2+y^2)$；

(7) $z=\sqrt{xy}$；　　(8) $z=\frac{x}{y}+\mathrm{e}^{xy}$.

# 3.2 偏导数在经济管理中的应用

在“人多未必好办事”的案例中，我们看到，当劳动力太少（例如4人）时，由于每人需要做多种工作，造成机床的生产效率不高，人均产量和总产量都较低；当劳动力过多（例如11人）时，又会造成人浮于事，人均产量和总产量都会呈下降趋势，并且边际产量随着人数的增加而逐渐由正变为负．如此看来，“边际产量”这一变量在这个案例的发生过程中一定在刻画着“产量”的某种变化.

那么，边际产量的确切含义是什么？它又是如何得到的？这就是下面要讨论的.

## 3.2.1 边际产量

设某企业生产某种产品的产量 $Q$ 与投入的劳动力 $L$ 和资本 $K$ 的生产

函数为 $Q=Q(L,K)$．那么：

产量 $Q(L,K)$ 对劳动力 $L$ 的偏导数 $Q'_L(L,K)$，称为 **$Q$ ($L$, $K$) 对劳动力 $L$ 的边际产量**．其经济意义是：$Q'_L(L,K)$ 近似等于在投入劳动力 $L$ 和资本 $K$ 的基础上，再多投入一个单位的劳动力所增加的产量．

> **提示**
> 通过一元函数的边际概念来理解!

产量 $Q(L,K)$ 对资本 $K$ 的偏导数 $Q'_K(L,K)$，称为 **$Q$ ($L$, $K$) 对资本 $K$ 的边际产量**．它近似等于在投入劳动力 $L$ 和资本 $K$ 的基础上，再多投入一个单位的资本所增加的产量．

边际产量通常在相当大的范围内是正的，即在一个要素投入保持不变的情况下，产量随着另一个要素投入的增加而增加．然而随着一个要素投入的增加，而另一个要素的投入保持不变时，产量的增加速率通常是递减的，直至到达产量不再增加的点为止，事实上，再增加该要素的投入，产量就要下降．

**例 1** 设某产品的生产函数为

$$Q=4L^{\frac{3}{4}}K^{\frac{1}{4}}$$

其中，$Q$ 是产量，$L$ 是劳动力，$K$ 是资本．求 $Q$ 对 $L$ 和 $K$ 的边际产量．

**解** 产量 $Q$ 对劳动力 $L$ 的边际产量为

$$Q'_L(L,K)=(4L^{\frac{3}{4}}K^{\frac{1}{4}})'_L=3L^{-\frac{1}{4}}K^{\frac{1}{4}}$$

产量 $Q$ 对资本 $K$ 的边际产量为

$$Q'_K(L,K)=(4L^{\frac{3}{4}}K^{\frac{1}{4}})'_K=L^{\frac{3}{4}}K^{-\frac{3}{4}}$$

注意，$Q'_L(L,K)$ 总是正的，但随着 $L$ 的增加而减少；类似地，$Q'_K(L,K)$ 也总是正的，且是随着 $K$ 的增加而减少．

**例 2** 设某产品的生产函数为

$$Q=4xy-x^2-3y^2$$

其中，$Q$ 是产量，$x$，$y$ 是两种生产要素．分别求产量 $Q$ 对两种要素 $x$，$y$ 的边际产量．

**解** 产量 $Q$ 对要素 $x$ 的边际产量为

$$Q'_x=4y-2x$$

产量 $Q$ 对要素 $y$ 的边际产量为

$$Q'_y = 4x - 6y$$

注意，对于 $x<2y$，$Q'_x>0$；对于 $x=2y$，$Q'_x=0$；而对于 $x>2y$，$Q'_x<0$. 类似地，对于 $y<\frac{2}{3}x$，$Q'_y>0$；对于 $y=\frac{2}{3}x$，$Q'_y=0$；而对于 $y>\frac{2}{3}x$，$Q'_y<0$. 因此，边际产量开始时增加，然后随着要素投入的增加而减少.

**例 3** 设生产函数由方程 $Q^2+4x^2+5y^2-12xy=0$ 给定，式中 $Q$ 为产量，$x$ 和 $y$ 为要素的投入量，试求边际产量 $Q'_x$ 和 $Q'_y$.

**解** 设 $F(x,y,Q)=Q^2+4x^2+5y^2-12xy$，则

$$F'_x = 8x-12y, F'_y = 10y-12x, F'_Q = 2Q$$

由此可得边际产量

$$Q'_x = -\frac{F'_x}{F'_Q} = \frac{6y-4x}{Q}, Q'_y = -\frac{F'_y}{F'_Q} = \frac{6x-5y}{Q}$$

### 3.2.2 边际成本

设某企业生产 A，B 两种产品，产量分别为 $q_1, q_2$ 时的总成本函数为

$$C = C(q_1, q_2)$$

那么总成本 $C(q_1, q_2)$ 对产量 $q_1$ 和对产量 $q_2$ 的偏导数 $C'_{q_1}(q_1, q_2)$ 和 $C'_{q_2}(q_1, q_2)$ 就是总成本的**边际成本**.

> **提示**
> 对照一元函数中的边际成本!

偏导数 $C'_{q_1}(q_1, q_2)$ 表示总成本 $C(q_1, q_2)$ 对产量 $q_1$ 的边际成本，其经济意义是 $C'_{q_1}(q_1, q_2)$ 近似等于在两种产品的产量为 $(q_1, q_2)$ 的基础上，再多生产一个单位的 A 产品所需增加的成本.

偏导数 $C'_{q_2}(q_1, q_2)$ 表示总成本 $C(q_1, q_2)$ 对产量 $q_2$ 的边际成本，它近似等于在两种产品的产量为 $(q_1, q_2)$ 的基础上，再多生产一个单位的 B 产品所需增加的成本.

**例 4** 设产量分别为 $q_1$ 和 $q_2$ 的两种产品的总成本函数是

$$C(q_1,q_2)=(q_1+1)^{\frac{1}{2}}\ln(5+q_2)\quad(q_1\geqslant 0,q_2\geqslant 0)$$

求总成本分别对产量 $q_1$ 和对产量 $q_2$ 的边际成本.

**解** $C(q_1,q_2)$ 对产量 $q_1$ 的边际成本函数为

$$C'_{q_1}(q_1,q_2)=[(q_1+1)^{\frac{1}{2}}\ln(5+q_2)]'_{q_1}=\frac{\ln(5+q_2)}{2(q_1+1)^{\frac{1}{2}}}$$

$C(q_1,q_2)$ 对产量 $q_2$ 的边际成本函数为

$$C'_{q_2}(q_1,q_2)=[(q_1+1)^{\frac{1}{2}}\ln(5+q_2)]'_{q_2}=\frac{(q_1+1)^{\frac{1}{2}}}{5+q_2}$$

**例 5** 设产量分别为 $q_1$ 和 $q_2$ 的两种产品 A，B的总成本为

$$C(q_1,q_2)=300+\frac{1}{2}q_1^2+4q_1q_2+\frac{3}{2}q_2^2$$

求：(1) $C(q_1,q_2)$ 对产量 $q_1$ 和对产量 $q_2$ 的边际成本函数；

(2) 当 $q_1=50,q_2=50$ 时的边际成本，并解释它们的经济含义.

**解** (1) 总成本 $C(q_1,q_2)$ 对产量 $q_1$ 的边际成本函数为

$$C'_{q_1}(q_1,q_2)=\left(300+\frac{1}{2}q_1^2+4q_1q_2+\frac{3}{2}q_2^2\right)'_{q_1}=q_1+4q_2$$

$C(q_1,q_2)$ 对产量 $q_2$ 的边际成本函数为

$$C'_{q_2}(q_1,q_2)=(300+\frac{1}{2}q_1^2+4q_1q_2+\frac{3}{2}q_2^2)'_{q_2}=4q_1+3q_2$$

(2) 当 $q_1=50,q_2=50$ 时，$C(q_1,q_2)$ 对 $q_1$ 的边际成本为

$$C'_{q_1}(50,50)=50+4\times 50=250$$

这说明，当两种产品的产量都是 50 个单位时，再多生产一个单位的 A 产品，总成本将增加约 250 个单位.

当 $q_1=50,q_2=50$ 时，$C(q_1,q_2)$ 对 $q_2$ 的边际成本为

$$C'_{q_2}(50,50)=4\times 50+3\times 50=350$$

这说明，当两种产品的产量都是 50 个单位时，再多生产一个单位的 B 产品，总成本将增加约 350 个单位.

### 3.2.3 边际需求

设有 A，B 两种相关的商品，它们的价格分别为 $p_1$ 和 $p_2$，而需求量

分别为$q_1$和$q_2$. 需求量$q_1$和$q_2$随着价格$p_1$和$p_2$的变化而变动，因此，需求函数可表示为

$$q_1 = q_1(p_1, p_2), \quad q_2 = q_2(p_1, p_2)$$

则需求量$q_1$和$q_2$关于价格$p_1$和$p_2$的偏导数,表示A,B两种商品的边际需求.

**思考**

想一想一元函数$q=q(p)$的边际需求是如何定义的?

$\frac{\partial q_1}{\partial p_1}$是A商品的需求量$q_1$关于自身价格$p_1$的边际需求,它表示A商品的价格$p_1$发生变化时,A商品需求量$q_1$的变化率;

$\frac{\partial q_1}{\partial p_2}$是A商品的需求量$q_1$关于相关商品B的价格$p_2$的边际需求,它表示B商品的价格$p_2$发生变化时,A商品需求量$q_1$的变化率;

类似地,$\frac{\partial q_2}{\partial p_1}$是需求量$q_2$对相关价格$p_1$的边际需求,$\frac{\partial q_2}{\partial p_2}$是需求量$q_2$对自身价格$p_2$的边际需求.

对于一般的需求函数，若$q_1$的自身价格$p_1$下降,则$q_1$增加,若$q_2$的自身价格$p_2$下降,则$q_2$增加. 因此,对于所有在经济上有意义的价格$p_1$和$p_2$的值,它们的边际需求$\frac{\partial q_1}{\partial p_1}$和$\frac{\partial q_2}{\partial p_2}$都是负的.

**思考**

为什么$\frac{\partial q_1}{\partial p_1}$和$\frac{\partial q_2}{\partial p_2}$都是负的?

如果对于给定的价格$p_1$和$p_2$,边际需求$\frac{\partial q_1}{\partial p_2}$和$\frac{\partial q_2}{\partial p_1}$都是负的,那么两种商品是互补商品,当两种商品中任意一个价格减少,都将使需求量$q_1$和$q_2$增加. 如果对于给定的价格$p_1$和$p_2$,边际需求$\frac{\partial q_1}{\partial p_2}$和$\frac{\partial q_2}{\partial p_1}$都是正的，那么两种商品就是替代商品，当两种商品中任意一个价格减少，都将使其中一个需求量增加，另一个需求量减少.

**例 6** 已知两种相关商品的需求函数分别为

$$q_1 = \frac{a}{p_1^2 p_2}, \quad q_2 = \frac{b}{p_1 p_2}$$

其中$a>0, b>0$为常数. 求边际需求函数，并判断这两种商品是互补商品还是替代商品.

**解** $\frac{\partial q_1}{\partial p_1} = \left(\frac{a}{p_1^2 p_2}\right)'_{p_1} = -\frac{2a}{p_1^3 p_2}$, $\quad \frac{\partial q_1}{\partial p_2} = \left(\frac{a}{p_1^2 p_2}\right)'_{p_2} = -\frac{a}{p_1^2 p_2^2}$

$$\frac{\partial q_2}{\partial p_1}=\left(\frac{b}{p_1p_2}\right)'_{p_1}=-\frac{b}{p_1^2p_2},\quad \frac{\partial q_2}{\partial p_2}=\left(\frac{b}{p_1p_2}\right)'_{p_2}=-\frac{b}{p_1p_2^2}$$

∵ $\frac{\partial q_1}{\partial p_2}=-\frac{a}{p_1^2p_2^2}<0,\frac{\partial q_2}{\partial p_1}=-\frac{b}{p_1^2p_2}<0$

∴ 这两种商品是互补商品.

**例 7** 已知两种相关商品的需求函数分别为

$$q_1=ae^{p_2-p_1},\quad q_2=be^{p_1-p_2}$$

其中 $a>0,b>0$ 为常数. 求边际需求函数，并判断这两种商品是互补商品还是替代商品.

**解** $\frac{\partial q_1}{\partial p_1}=(ae^{p_2-p_1})'_{p_1}=-ae^{p_2-p_1}$，$\frac{\partial q_1}{\partial p_2}=(ae^{p_2-p_1})'_{p_2}=ae^{p_2-p_1}$

$\frac{\partial q_2}{\partial p_1}=(be^{p_1-p_2})'_{p_1}=be^{p_1-p_2}$，$\frac{\partial q_2}{\partial p_2}=(be^{p_1-p_2})'_{p_2}=-be^{p_1-p_2}$

∵ $\frac{\partial q_1}{\partial p_2}=ae^{p_2-p_1}>0,\frac{\partial q_2}{\partial p_1}=be^{p_1-p_2}>0$

∴ 这两种商品是替代商品.

### 3.2.4 高阶偏导数

一般来说，函数 $z=f(x,y)$ 的偏导数 $f'_x(x,y),f'_y(x,y)$ 仍是 $x$ 和 $y$ 的函数,它们还可以继续求 $x$ 或 $y$ 的偏导数. 这些偏导数如果存在,则称为函数 $z=f(x,y)$ 的二阶偏导数，分别记作:

$$\frac{\partial^2 f(x,y)}{\partial x^2}=\frac{\partial}{\partial x}\left(\frac{\partial f(x,y)}{\partial x}\right),\text{或}\frac{\partial^2 z}{\partial x^2},f''_{xx},z''_{xx}$$

$$\frac{\partial^2 f(x,y)}{\partial y\partial x}=\frac{\partial}{\partial x}\left(\frac{\partial f(x,y)}{\partial y}\right),\text{或}\frac{\partial^2 z}{\partial y\partial x},f''_{yx},z''_{yx}$$

$$\frac{\partial^2 f(x,y)}{\partial x\partial y}=\frac{\partial}{\partial y}\left(\frac{\partial f(x,y)}{\partial x}\right),\text{或}\frac{\partial^2 z}{\partial x\partial y},f''_{xy},z''_{xy}$$

$$\frac{\partial^2 f(x,y)}{\partial y^2}=\frac{\partial}{\partial y}\left(\frac{\partial f(x,y)}{\partial y}\right),\text{或}\frac{\partial^2 z}{\partial y^2},f''_{yy},z''_{yy}$$

其中 $\frac{\partial^2 f(x,y)}{\partial x\partial y},\frac{\partial^2 f(x,y)}{\partial y\partial x}$ 称为**混合偏导数**. 所以, $z=f(x,y)$ 如果有二

阶偏导数,共有四个．如果二阶偏导数还可以对 $x$,$y$ 求偏导数，那么就是三阶偏导数，乃至更高阶的偏导数．

**提示**

请注意混合偏导数对 $x$ 和 $y$ 求偏导的先后顺序!

**例 8** 求函数 $z=xy^2$ 的二阶偏导数．

**解** 因为 $\frac{\partial z}{\partial x}=y^2,\frac{\partial z}{\partial y}=2xy$

所以，$\frac{\partial^2 z}{\partial x^2}=\frac{\partial}{\partial x}(y^2)=0,\frac{\partial^2 z}{\partial x\partial y}=\frac{\partial}{\partial y}(y^2)=2y$

$$\frac{\partial^2 z}{\partial y\partial x}=\frac{\partial}{\partial x}(2xy)=2y,\frac{\partial^2 z}{\partial y^2}=\frac{\partial}{\partial y}(2xy)=2x$$

**例 9** 求函数 $z=\mathrm{e}^{5x^2+2y}$ 的二阶偏导数．

**解** 因为 $\frac{\partial z}{\partial x}=10x\mathrm{e}^{5x^2+2y},\frac{\partial z}{\partial y}=2\mathrm{e}^{5x^2+2y}$

所以，$\frac{\partial^2 z}{\partial x^2}=\frac{\partial}{\partial x}(10x\mathrm{e}^{5x^2+2y})=10(\mathrm{e}^{5x^2+2y}+10x^2\mathrm{e}^{5x^2+2y})$

$$=10\mathrm{e}^{5x^2+2y}(1+10x^2)$$

$$\frac{\partial z^2}{\partial x\partial y}=\frac{\partial}{\partial y}(10x\mathrm{e}^{5x^2+2y})=20x\mathrm{e}^{5x^2+2y}$$

$$\frac{\partial^2 z}{\partial y\partial x}=\frac{\partial}{\partial x}(2\mathrm{e}^{5x^2+2y})=20x\mathrm{e}^{5x^2+2y}$$

$$\frac{\partial^2 z}{\partial y^2}=\frac{\partial}{\partial y}(2\mathrm{e}^{5x^2+2y})=4\mathrm{e}^{5x^2+2y}$$

可以看出，上例中的两个函数，他们的二阶混合偏导数满足：$z''_{xy}=z''_{yx}$，即二阶混合偏导数与求偏导数的顺序无关，但是需要注意的是存在这种关系的函数必须是满足一定条件的．

**定理 3.1**

如果函数 $z=f(x,y)$ 的两个二阶混合偏导数 $z''_{xy}$,$z''_{yx}$ 都连续,则有 $z''_{xy}=z''_{yx}$．

有了偏导数的概念，我们可以来研究解决一些极值问题．

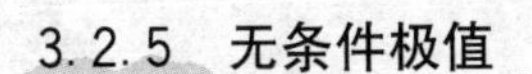

### 3.2.5 无条件极值

如果设某产品的需求函数为

$$Q = Q(p, x)$$

其中$Q$为需求量，$p$为价格，$x$为广告推销费用．如果生产企业的可变成本为每件产品$C_1$元，固定成本（不含广告推销费用）为$C_0$元，那么该企业最为关心的一定是：如何确定产品销售价格和广告推销费，才能获得最大利润？

这是一个最佳营销问题．要解决这类问题，需要二元函数极值与最值的概念．下面给出二元函数极值的定义及判别方法．

**定义 3.6**

设函数$z = f(x, y)$在点$M_0(x_0, y_0)$的一个邻域内有定义，如果在此邻域内异于点$M_0(x_0, y_0)$的任何点$M(x, y)$，都有

$$f(x,y) < f(x_0, y_0) \quad (\text{或 } f(x,y) > f(x_0, y_0)) \qquad (3.7)$$

则称$f(x_0, y_0)$是函数$z = f(x,y)$的**极大值**（或**极小值**），并称点$M_0(x_0, y_0)$为函数$z = f(x,y)$的**极大值点**（或**极小值点**）．

函数的极大值和极小值统称为函数的**极值**．极大值点和极小值点统称为**极值点**．

**提示**

复习一元函数的极值和极值点的概念!

在一元函数中我们知道，可导函数的极值在函数的驻点上达到．二元函数也有类似的结果．

**思考**

若$(x_0, y_0)$是$f(x,y)$的极值点，则一定有$f'_x(x_0, y_0)=0$，$f'_y(x_0, y_0)=0$吗？举例说明．

**定理 3.2**

极值存在的必要条件：设函数$z = f(x,y)$在点$(x_0, y_0)$的一个邻域有定义，且存在一阶偏导数，如果点$(x_0, y_0)$是函数的极值点，则有

$$f'_x(x_0, y_0) = 0, f'_y(x_0, y_0) = 0 \qquad (3.8)$$

证明如下：因为点$(x_0, y_0)$是函数$z = f(x,y)$的极值点，所以当$y = y_0$时一元函数$z = f(x, y_0)$在$x_0$点也取得极值，根据一元函数极值存在

的必要条件，得

$$f'_x(x_0,y_0)=0$$

同理，可得 $f'_y(x_0,y_0)=0$.

**思考**

驻点与极值点有何区别?

类似地，我们称使得函数 $z=f(x,y)$ 的一阶偏导数均为零的点为该函数的驻点.

注意：定理3.2仅仅是二元函数极值点的必要条件，而不是充分条件．也就是说驻点不一定是极值点．例如，$z=xy$，容易计算得 $z'_x(0,0)=z'_y(0,0)=0$，但是在点（0，0）的任何一个邻域内，总有使得函数为正和为负的点存在．而 $z(0,0)=0$，所以点（0，0）不是它的极值点.

同时还应注意，偏导数不存在的点也有可能成为极值点．例如，$z=\sqrt{x^2+y^2}$，它的图形是上圆锥面，显然点（0，0）是其极小值点，但是在点（0，0）处的两个偏导数不存在.

总之，极值点可能在驻点或偏导数不存在的点之中．那么，如何进一步判别驻点是否是极值点呢?

**定理3.3**

极值存在的充分条件：设函数 $z=f(x,y)$ 在点 $(x_0,y_0)$ 的一个邻域内有连续的二阶偏导数，且点 $(x_0,y_0)$ 是驻点，即 $f'_x(x_0,y_0)=0$，$f'_y(x_0,y_0)=0$，记

$$A=\frac{\partial^2}{\partial x^2}f(x_0,y_0),B=\frac{\partial^2}{\partial x\partial y}f(x_0,y_0),C=\frac{\partial^2}{\partial y^2}f(x_0,y_0)$$

(1) 如果 $B^2-AC<0$，则 $z=f(x,y)$ 在点 $(x_0,y_0)$ 处取得极值，且

当 $A<0$ 时，$f(x_0,y_0)$ 是函数 $z=f(x,y)$ 的极大值；

当 $A>0$ 时，$f(x_0,y_0)$ 是函数 $z=f(x,y)$ 的极小值.

(2) 如果 $B^2-AC>0$，则 $f(x_0,y_0)$ 一定不是极值.

(3) 如果 $B^2-AC=0$，则不能确定 $f(x_0,y_0)$ 是不是极值.

定理3.3是极值存在的充分条件，或叫做极值判别法.

**例10** 求下列函数的极值.

$$z = x^2 + \frac{1}{3}y^3 - xy - 3x + 5.$$

**解** 先求驻点，即解方程组

$$\begin{cases} \dfrac{\partial z}{\partial x} = 2x - y - 3 = 0 \\ \dfrac{\partial z}{\partial y} = y^2 - x = 0 \end{cases}$$

解得 $x_1 = 1, y_1 = -1$；或 $x_2 = \frac{9}{4}, y_2 = \frac{3}{2}$. 该函数有两个驻点：$(1, -1)$，$(\frac{9}{4}, \frac{3}{2})$.

求二阶偏导数：

$$\frac{\partial^2 z}{\partial x^2} = 2, \frac{\partial^2 z}{\partial x \partial y} = -1, \frac{\partial^2 z}{\partial y^2} = 2y$$

在驻点（1，－1）处，有 $A = 2, B = -1, C = -2$. 于是，

$$B^2 - AC = (-1)^2 - 2 \times (-2) = 5 > 0.$$

故（1，－1）不是极值点.

在驻点（$\frac{9}{4}$，$\frac{3}{2}$）处，有 $A = 2, B = -1, C = 3$. 于是，

$$B^2 - AC = (-1)^2 - 2 \times 3 = -5 < 0,$$

故驻点 $\left(\frac{9}{4}, \frac{3}{2}\right)$ 是极值点，又因 $A = 2 > 0$，所以点 $\left(\frac{9}{4}, \frac{3}{2}\right)$ 是极小值点. 极小值为

$$f\left(\frac{9}{4}, \frac{3}{2}\right) = \left(\frac{9}{4}\right)^2 + \frac{1}{3} \times \left(\frac{3}{2}\right)^3 - \frac{9}{4} \times \frac{3}{2} - 3 \times \frac{9}{4} + 5 = \frac{17}{16}$$

**例 11** 求下列函数的极值.

$$z = y^2 - x^2 + 1.$$

**解** 求驻点，解方程组

$$\begin{cases} \dfrac{\partial z}{\partial x} = -2x = 0 \\ \dfrac{\partial z}{\partial y} = 2y = 0 \end{cases}$$

得驻点为（0，0）．又

$$\begin{cases}A=\dfrac{\partial^2 z}{\partial x^2}=-2\\B=\dfrac{\partial^2 z}{\partial x\partial y}=0\\C=\dfrac{\partial^2 z}{\partial y^2}=2\end{cases}$$

有 $B^2-AC=0-(-2)\times 2=4>0$，故函数 $z=y^2-x^2+1$ 在点（0，0）处没有极值．

设函数 $z=f(x,y)$ 是定义在区域 $D$ 上的二元连续函数，点 $(x_0,y_0)\in D$. 如果对任意的 $(x,y)\in D$，不等式

$$f(x,y)\leqslant f(x_0,y_0)\quad（或\ f(x,y)\geqslant f(x_0,y_0)）$$

总成立，则称 $f(x_0,y_0)$ 为函数 $z=f(x,y)$ 在区域 $D$ 上的**最大值**（**或最小值**），点 $(x_0,y_0)$ 为 $z=f(x,y)$ 在区域 $D$ 上的**最大值点**（**或最小值点**）．

提示

最值一定是极值吗？何时极值一定是最值呢？

最大值与最小值统称为最值，最大值点与最小值点统称为最值点.

**例 12** 某企业生产甲、乙两种商品的产量分别为 $q_1,q_2$ 单位，利润函数为

$$L=-2q_1^2+64q_1+4q_1q_2-4q_2^2+32q_2-14,$$

求该企业的最大利润．

**解** 求驻点，解方程组

$$\begin{cases}\dfrac{\partial L}{\partial q_1}=64-4q_1+4q_2=0\\\dfrac{\partial L}{\partial q_2}=32-8q_2+4q_1=0\end{cases}$$

得驻点为（40，24）．又

$$\begin{cases}A=\dfrac{\partial^2 L}{\partial q_1^2}=-4\\B=\dfrac{\partial^2 L}{\partial q_1\partial q_2}=4\\C=\dfrac{\partial^2 L}{\partial q_2^2}=-8\end{cases}$$

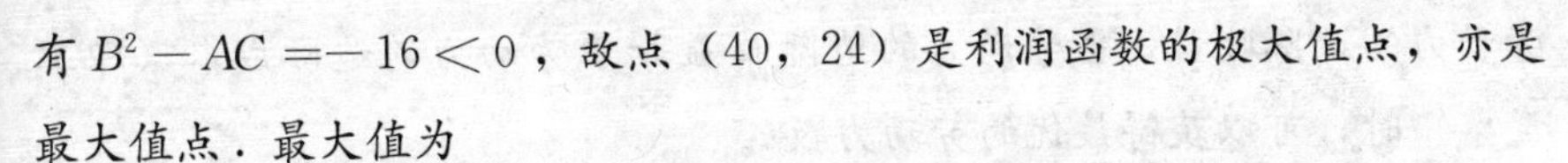

有 $B^2-AC=-16<0$，故点（40，24）是利润函数的极大值点，亦是最大值点．最大值为

$$L(40,24)=-2\times 40^2+64\times 40+4\times 40\times 24-4\times 24^2+32\times 24-14=1\,650$$

即该企业生产甲、乙两种商品的产量分别为 40 和 24 单位时，利润最大，最大利润为 1 650 单位．

结论：如果在闭区域 $D$ 上的连续函数 $z=f(x,y)$，在 $D$ 去掉边界的开区域 $D_0$ 内偏导数存在，而且 $(x_0,y_0)$ 是 $f(x,y)$ 在 $D_0$ 内的唯一驻点，那么当 $(x_0,y_0)$ 是 $f(x,y)$ 的极大值点（或极小值点）时，$(x_0,y_0)$ 一定是 $f(x,y)$ 在 $D$ 上的最大值点（或最小值点）．

因此，在求解实际问题的最值时，如果从问题的实际意义知道所求函数的最值存在，且只有一个驻点，则该驻点就是所求函数的最值点，可以不再判别．

**例 13** 最优劳动力配置问题．

假定企业的生产函数为：

$$Q=2K^{0.5}L^{0.5}$$

其关于劳动力和资本的边际产量函数分别为：

$$\frac{\partial Q}{\partial L}=2\times\left(\frac{1}{2}\right)K^{0.5}L^{0.5-1}=\frac{K^{0.5}}{L^{0.5}}=\sqrt{\frac{K}{L}}$$

$$\frac{\partial Q}{\partial K}=2\times\left(\frac{1}{2}\right)K^{0.5-1}L^{0.5}=\frac{L^{0.5}}{K^{0.5}}=\sqrt{\frac{L}{K}}$$

假如资本存量固定在 9 个单位上（即 $K=9$），如果产品的价格($p$)为每单位 6 美元，工资率($w$)为每单位 2 美元，请确定应雇佣的最优的（能使利润最大的）劳动力数．如果工资率提高到每单位 3 美元，最优的劳动力数应是多少？

分析：在“假如资本存量固定在 9 个单位”的条件下，要确定能使利润最大的雇佣劳动力数，应该首先利用劳动力的边际产量函数，确定

劳动力的边际收益，当劳动力的边际收益等于劳动力的边际成本（即工资率）时，可以获得最优的劳动力数．

**解** 设该企业的收益函数为 $R$，则

$$R = pQ$$

假如资本存量固定在 9 个单位，即 $K = 9$，那么，劳动力的边际收益函数 $\frac{dR}{dL}$ 为

$$\frac{dR}{dL} = p \cdot \frac{dQ}{dL} = p \cdot \frac{\sqrt{K}}{\sqrt{L}} = 6 \cdot \frac{\sqrt{9}}{\sqrt{L}} = \frac{18}{\sqrt{L}}$$

令劳动力的边际收益函数 $\frac{dR}{dL}$ 与工资率相等，即

$$\frac{dR}{dL} = w \qquad ①$$

求出雇佣的最优的劳动力数 $L$．

因为 $w=2$，代入①式，得

$$\frac{18}{\sqrt{L}} = 2$$

即 $L=81$.

所以，假如资本存量固定在 9 个单位上，且每单位劳动力的工资率为 2 美元时，应雇佣的最优的劳动力数是 81 单位．

如果每单位劳动力的工资率增加到 3 美元，利润最大化的条件为：$\frac{dR}{dL} = w$，即

$$\frac{18}{\sqrt{L}} = 3, \text{得 } L = 36$$

所以应雇佣的最优的劳动力数是 36 单位．

**例 14** 最佳营销问题.

如果设某产品的需求函数为

$$Q = 20\,000 p^{-1.5} x^{0.5}$$

其中 $Q$ 为需求量，$p$ 为价格，$x$ 为广告推销等费用．如果生产企业的可

变成本为每件产品27元，固定成本（不含广告推销费用）为10 000元，那么该企业在最佳经营时的价格和广告推销费分别是多少？

**解** 因为生产$Q$件产品的收入为$R = pQ$，总成本为$C = 10\,000 + 27Q + x$，且$Q = 20\,000p^{-1.5}x^{0.5}$，所以利润函数为

$$\begin{aligned}L = R - C &= pQ - (10\,000 + 27Q + x)\\ &= (p-27)Q - x - 10\,000\\ &= 20\,000(p-27)p^{-1.5}x^{0.5} - x - 10\,000\end{aligned}$$

求利润函数的驻点，即解方程组

$$\begin{cases}\dfrac{\partial L}{\partial p} = 10\,000p^{-2.5}x^{0.5}(81-p) = 0\\ \dfrac{\partial L}{\partial x} = 10\,000(p-27)p^{-1.5}x^{-0.5} - 1 = 0\end{cases}$$

得$p_0 = 81, x_0 \approx 548\,696$. 因利润函数的驻点唯一，故当产品的价格为81元、广告推销费为548 696元时，该企业的利润最大，经营最佳. 此时的产量为

$$\begin{aligned}Q(p_0, x_0) &= 20\,000p_0^{-1.5}x_0^{0.5}\\ &\approx 20\,000 \times 81^{-1.5} \times 548\,696^{0.5} \approx 20\,322\text{（件）}\end{aligned}$$

获得的最大利润为

$$\begin{aligned}L(p_0, x_0) &= (p_0 - 27)Q_0 - x_0 - 10\,000\\ &\approx 1\,097\,392\text{（元）}\end{aligned}$$

**例 15** 用料最省问题.

工厂用铁皮做一个长方体无盖盒子. 若容积一定，试问如何设计能节约材料？

**解** 容积一定时，只要表面积最小，用料就最省. 设盒子的长、宽、高分别为$x$, $y$, $z$. 由题设，$xyz = a$($a$为常数). 记盒子的表面积为$S$，有

$$S = xy + 2xz + 2yz$$

而$z = \dfrac{a}{xy}$，代入得

$$S = xy + \frac{2a}{y} + \frac{2a}{x}$$

要求 $S$ 的最小值，先求驻点．解方程组

$$\begin{cases}\dfrac{\partial S}{\partial x}=y-\dfrac{2a}{x^2}=0\\[2mm]\dfrac{\partial S}{\partial y}=x-\dfrac{2a}{y^2}=0\end{cases}$$

解得 $x_1=y_1=\sqrt[3]{2a}$；或 $x_2=y_2=0$（舍去）．就实际问题分析，在容积为 $a$ 的条件下，盒子应有最小的表面积．因为驻点唯一，故

$$x=y=\sqrt[3]{2a}, z=\frac{a}{xy}=\frac{\sqrt[3]{2a}}{2}$$

可见，当盒子的长与宽相等，为 $\sqrt[3]{2a}$，高为长的一半时，无盖盒子容积一定而用料最少．

### 3.2.6 条件极值

如果假设生产某种产品需要两种投入，投入量分别为 $x,y,Q$ 是该产品的产量，有关系式

$$Q=f(x,y)$$

假设两种投入的价格分别为 $p_x,p_y$，投入成本为

$$C=C_0+xp_x+yp_y$$

其中 $C_0$ 是固定成本．

该产品的销售价格为 $p$，则销售量为 $Q$ 时的销售收入为

$$R=pQ$$

假设初始成本预算为 $a$，即在成本限制为 $C_0+xp_x+yp_y=a$ 时，问如何投入 $x,y$，能使产量最大．又如，限制产量为 $Q_0$，设计如何投入 $x,y$，在 $f(x,y)=Q_0$ 条件下，使得成本

$$C=C_0+xp_x+yp_y$$

最小．

**思考**

请想一想例15与条件极值的关系．

一般地，在满足 $\varphi(x,y)=0$ 的条件下，求函数 $z=f(x,y)$（称为目标函数）的极大值或极小值，就是求函数 $z=f(x,y)$ 的**条件极值**问题．

如果由约束条件 $\varphi(x,y)=0$ 可以解出一个变量用另一变量表示的解

析表达式,则可将此表达式代入 $z=f(x,y)$ 中，有

$$z=f(x,y(x))$$

即此条件极值问题就化为一元函数的无条件极值问题．但在许多情况下，我们不能由约束条件解得这样的表达式，因此需研究其他的求解条件极值的方法——**拉格朗日乘数法**．

**拉格朗日乘数法**的步骤：

(1) 作辅助函数（称为**拉格朗日函数**），令函数

$$F(x,y,\lambda)=f(x,y)+\lambda\varphi(x,y) \tag{3.9}$$

(2) 求可能的极值点，即解方程组

$$\begin{cases}F'_x=f'_x(x,y)+\lambda\varphi'_x(x,y)=0\\F'_y=f'_y(x,y)+\lambda\varphi'_y(x,y)=0\\F'_\lambda=\varphi(x,y)=0\end{cases} \tag{3.10}$$

解出 $(x,y,\lambda)$,则根据问题的实际背景直接判定 $(x,y)$ 是原来的条件极值问题的极值点．

拉格朗日乘数法还可以推广到含有更多个自变量的情形和多个条件的情形．

**例 16** 用拉格朗日乘数法求解用料最省问题．

工厂用铁皮做一个长方体无盖盒子．若容积一定，试问如何设计能节约材料?

**解** 设盒子的长、宽、高分别为 $x$，$y$，$z$，盒子容积为 $a$，表面积为 $S$，本例的目标函数是 $S=xy+2xz+2yz$,条件是 $xyz=a$. 设拉格朗日函数

$$F(x,y,z,\lambda)=xy+2xz+2yz+\lambda(xyz-a)$$

求偏导数找驻点

$$\begin{cases}\dfrac{\partial F}{\partial x}=y+2z+\lambda yz=0 & ①\\[2ex]\dfrac{\partial F}{\partial y}=x+2z+\lambda xz=0 & ②\\[2ex]\dfrac{\partial F}{\partial z}=2x+2y+\lambda xy=0 & ③\\[2ex]xyz-a=0 & ④\end{cases}$$

式①·$x$,式②·$y$,式③·$z$与式④比较，得到

$$\begin{cases}2xz+xy+\lambda a=0 & ⑤\\ 2yz+xy+\lambda a=0 & ⑥\\ 2xz+2yz+\lambda a=0 & ⑦\end{cases}$$

式⑤－⑥得　$x=y\quad(z\neq 0)$；

式⑥－⑦得　$y-2z=0\quad(x\neq 0)$；

所以，$x=y=2z$，将其代入式④，得

$$4z^3=a,z=\frac{\sqrt[3]{2a}}{2},x=y=\sqrt[3]{2a}.$$

**例 17**　产品宣传广告费的最优分配问题.

设某企业为销售产品需做两种广告宣传，销售收入 $R$ 与花费在两种广告宣传的费用（单位为万元）$x,y$ 之间的关系为

$$R=\frac{200x}{x+5}+\frac{100y}{10+y}(万元)$$

利润额相当于五分之一的销售收入，并要扣除广告费用．已知广告费用总预算金是 25 万元．试问如何分配两种广告费用会使利润最大？

**解**　设利润为 $L$，有

$$L=\frac{1}{5}R-x-y=\frac{40x}{x+5}+\frac{20y}{10+y}-x-y$$

限制条件为 $x+y=25$. 令

$$F(x,y,\lambda)=\frac{40x}{x+5}+\frac{20y}{10+y}-x-y+\lambda(x+y-25)$$

求偏导数并令其为零，得

$$\begin{cases}\dfrac{200}{(5+x)^2}-1+\lambda=0 & ①\\ \dfrac{200}{(10+y)^2}-1+\lambda=0 & ②\\ x+y-25=0 & ③\end{cases}$$

由①、②两个方程得

$$(5+x)^2=(10+y)^2$$

又$y=25-x$，解得$x=15$，$y=10$．因为驻点唯一，故投入两种广告的费用分别为15万元和10万元时，可使利润最大．

**例18** 生产总成本最小问题.

某工厂生产两种型号的重型机器，总成本函数为

$$C(q_1,q_2)=q_1^2+2q_2^2-q_1q_2$$

其中$q_1$，$q_2$分别表示所生产的两种型号机器的台数．如果限制两种型号的机器只能生产8台，要使它们的总成本最小，试问两种机器各生产几台？

**解** 本问题是求在$q_1+q_2=8$的条件下，函数$C(q_1,q_2)=q_1^2+2q_2^2-q_1q_2$的最小值．故令

$$F(q_1,q_2,\lambda)=q_1^2+2q_2^2-q_1q_2+\lambda(q_1+q_2-8)$$

则有

$$\begin{cases}\dfrac{\partial F}{\partial q_1}=2q_1-q_2+\lambda=0\\\dfrac{\partial F}{\partial q_2}=4q_2-q_1+\lambda=0\\q_1+q_2-8=0\end{cases}$$

解得$q_1=5$，$q_2=3$，即驻点为（5，3）．因为驻点唯一，所以（5，3）就是函数的极小值点，即当两种机器各生产5台和3台时，总成本最小．

### 3.2.7 最小二乘法

对经济问题进行定量分析时，常常要探讨一些变量之间的定量关系，并将这种定量关系用于经济预测和决策．通常经济变量之间的定量关系是在大量调查研究或掌握充分历史数据的基础上总结出来的经验公式．最小二乘法是利用多元函数极值理论构造线性经验公式的一种有效方法.

1. 散点图与回归直线

**例19** 随机抽查了某企业的10家工厂，得到它们的产量与生产费用的数据，见表3—2.

表 3—2　数据表

| 工厂序号 | 1 | 2 | 3 | 4 | 5 | 6 | 7 | 8 | 9 | 10 |
|---|---|---|---|---|---|---|---|---|---|---|
| 产量 $x$（单位为千个） | 40 | 42 | 48 | 55 | 65 | 79 | 88 | 100 | 120 | 140 |
| 生产费用 $y$（单位为千元） | 300 | 280 | 320 | 340 | 300 | 324 | 370 | 330 | 380 | 370 |

试找出该企业产量与生产费用的经验公式．

**分析**　将这 10 对数据都描绘在平面直角坐标系中，得到平面上的 10 个点，如图 3—4 所示．这样的图称为**散点图**．由图易见，这 10 个点大体在一条带状区域内．故可认为 $x$ 与 $y$ 之间有线性关系存在．设有关系式

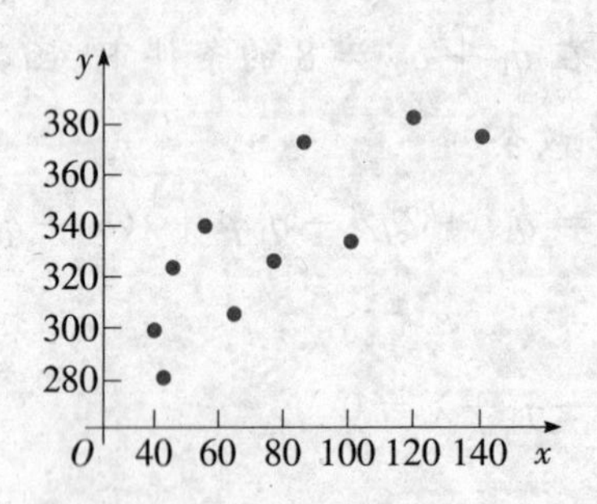


图 3—4　产量与生产费用关系散点图

$$\hat{y} = a + bx \tag{3.11}$$

式（3.11）称为**回归方程**（或回归直线），其中 $a$ 称为**回归常数**，$b$ 称为**回归系数**．$\hat{y}$ 表示回归直线上的点的纵坐标（即所求 $y$ 的真值），用加“∧”符号的 $y$，以区分实测值 $y$．然而这 10 个点并不是都严格在一条直线上，对某一个 $x_i$，由（3.11）式就确定一个

$$\hat{y}_i = a + bx_i$$

它与观测值 $y_i$ 之间存在误差

$$y_i = \hat{y}_i + \varepsilon_i = a + bx_i + \varepsilon_i, i = 1,2,\cdots,10 \tag{3.12}$$

其中 $x_i$ 与 $y_i$ 是已知数，$a,b,\varepsilon_i$ 是未知的，$\varepsilon_i$ 为误差项．我们的目的就是利用这 10 对数据求出 $a,b$ 的值，从而得到（3.12）式，且误差最小．使用的方法是最小二乘法．

2. 最小二乘法

设实测值为（$x_1$，$y_1$），…，（$x_n$，$y_n$），则（3.12）式可改写为

$$\varepsilon_i = y_i - a - bx_i, i = 1,2,\cdots,n \tag{3.13}$$

为了不使误差之和正负抵消，故取全部误差的平方和为

$$Q(a,b) = \sum_{i=1}^{n}\varepsilon_i^2 = \sum_{i=1}^{n}(y_i - a - bx_i)^2 \tag{3.14}$$

**提示**

取平方和，即“二乘”的含义.

式中只有 $a,b$ 是未知数，易知 $Q$ 是 $a,b$ 的函数，将其记作 $Q(a,b)$．由二元函数的极值原理，应有

$$\begin{cases}\dfrac{\partial Q}{\partial a} = -2\sum\limits_{i=1}^{n}(y_i - a - bx_i) = 0\\[2ex]\dfrac{\partial Q}{\partial b} = -2\sum\limits_{i=1}^{n}(y_i - a - bx_i)x_i = 0\end{cases} \tag{3.15}$$

整理得方程组

$$\begin{cases}na + nb\overline{x} = n\overline{y}\\ na\overline{x} + b\sum\limits_{i=1}^{n}x_i^2 = \sum\limits_{i=1}^{n}x_iy_i\end{cases} \tag{3.16}$$

通常称其为正规方程．其中，$\overline{x} = \dfrac{1}{n}\sum\limits_{i=1}^{n}x_i$ 为数据 $x_1,x_2,\cdots,x_n$ 的均值，$\overline{y} = \dfrac{1}{n}\sum\limits_{i=1}^{n}y_i$ 为数据 $y_1,y_2,\cdots,y_n$ 的均值．

从正规方程中解出 $a,b$，即为 $Q(a,b)$ 的最大值点，记作 $\hat{a},\hat{b}$，有公式

$$\begin{cases}\hat{b} = \dfrac{\sum\limits_{i=1}^{n}(x_i - \overline{x})(y_i - \overline{y})}{\sum\limits_{i=1}^{n}(x_i - \overline{x})^2}\\[2ex]\hat{a} = \overline{y} - \hat{b}\overline{x}\end{cases} \tag{3.17}$$

为了方便计算，引入记号

$$l_{xx} = \sum_{i=1}^{n}(x_i - \overline{x})^2 = \sum_{i=1}^{n}x_i^2 - n\overline{x}^2 = \sum_{i=1}^{n}x_i^2 - \frac{\left(\sum\limits_{i=1}^{n}x_i\right)^2}{n}$$

$$l_{xy} = \sum_{i=1}^{n}(x_i - \overline{x})(y_i - \overline{y}) = \sum_{i=1}^{n}x_iy_i - n\overline{x}\,\overline{y}$$

$$= \sum_{i=1}^{n}x_iy_i - \frac{\sum\limits_{i=1}^{n}x_i\sum\limits_{i=1}^{n}y_i}{n}$$

$$l_{yy}=\sum_{i=1}^{n}(y_i-\overline{y})^2=\sum_{i=1}^{n}y_i^2-n\overline{y}^2=\sum_{i=1}^{n}y_i^2-\frac{\left(\sum_{i=1}^{n}y_i\right)^2}{n}$$

于是，公式（3.17）改写成

$$\begin{cases}\hat{b}=\dfrac{l_{xy}}{l_{xx}}\\ \hat{a}=\overline{y}-\hat{b}\overline{x}\end{cases}\tag{3.18}$$

将 $\hat{a},\hat{b}$ 代回式（3.11），得到回归方程（或经验公式）

$$\hat{y}=\hat{a}+\hat{b}x\tag{3.19}$$

确定 $\hat{a},\hat{b}$ 的方法称为**最小二乘法**.

例 19 中的 10 个点大体在一条带状区域内，认为产量与生产费用之间存在直线关系. 为了求出 $\hat{a},\hat{b}$，常采用列表的方法计算，计算结果见表 3—3.

**表 3—3　某企业产量与生产费用回归方程计算表**

| 序号 $i$ | $x_i$ | $y_i$ | $x_i^2$ | $x_iy_i$ | $y_i^2$ |
|---|---|---|---|---|---|
| 1 | 40 | 300 | 1 600 | 12 000 | 90 000 |
| 2 | 42 | 280 | 1 764 | 11 760 | 78 400 |
| 3 | 48 | 320 | 2 304 | 15 360 | 102 400 |
| 4 | 55 | 340 | 3 025 | 18 700 | 115 600 |
| 5 | 65 | 300 | 4 225 | 19 500 | 90 000 |
| 6 | 79 | 324 | 6 241 | 25 596 | 104 976 |
| 7 | 88 | 370 | 7 744 | 32 560 | 136 900 |
| 8 | 100 | 330 | 10 000 | 33 000 | 108 900 |
| 9 | 120 | 380 | 14 400 | 45 600 | 144 400 |
| 10 | 140 | 370 | 19 600 | 51 800 | 136 900 |
| $\sum$ | 777 | 3 314 | 70 903 | 265 876 | 1 108 476 |

因为 $n=10$，因此可以计算出，

$$\overline{x}=77.7,\overline{y}=331.4,$$

$$l_{xy}=\sum_{i=1}^{10}x_iy_i-n\overline{x}\,\overline{y}=265\,876-10\times77.7\times331.4=8\,378.2$$

$$l_{xx}=\sum_{i=1}^{10}x_i^2-n\overline{x}^2=70\ 903-10\times77.7^2=10\ 530.1$$

$$\hat{b}=\frac{l_{xy}}{l_{xx}}=\frac{8\ 378.2}{10\ 530.1}\approx0.795\ 6$$

$$\hat{a}=\overline{y}-\hat{b}\overline{x}=331.4-0.795\ 6\times77.7\approx269.581\ 9$$

故回归直线方程为

$$\hat{y}=\hat{a}+\hat{b}x=269.581\ 9+0.795\ 6x$$

**例 20** 求“人多未必好办事”案例中的转盘生产函数.

**解** 首先将表中给出的（工人数，总产量）的8对数据对应的点都描绘在平面直角坐标系中，如图3—5所示，由图易见，这8个点的连线类似于一条直线. 故可认为在加工的机床数为4台时，工人数$L$与总产量$Q$之间有关系式：

$$Q(L,4)=a+bL$$

用最小二乘法可以求这一回归直线方程.

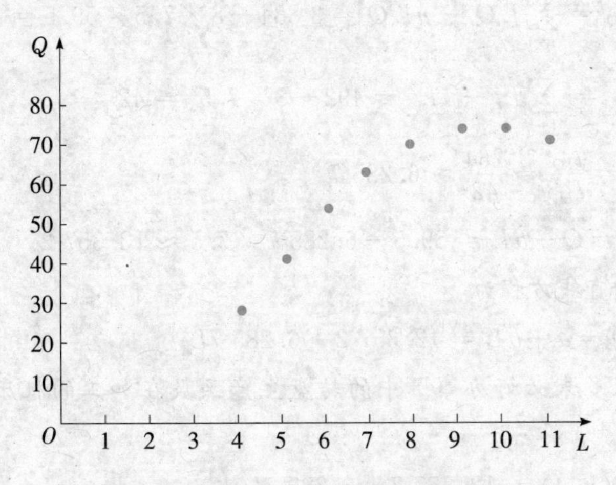


图3—5 工人数与总产量的关系散点图

回归直线方程的常数和回归系数$a$，$b$的计算公式如下：

$$\begin{cases}\hat{b}=\dfrac{l_{LQ}}{l_{LL}}\\ \hat{a}=\overline{Q}-\hat{b}-\overline{L}\end{cases}$$

用列表的方法计算，结果见表 3—4.

**表 3—4　转盘生产函数回归方程计算表**

| 序号 $i$ | $L_i$ | $Q_i$ | $L_i^2$ | $L_iQ_i$ | $Q_i^2$ |
|---|---|---|---|---|---|
| 1 | 4 | 28 | 16 | 112 | 784 |
| 2 | 5 | 42 | 25 | 210 | 1 764 |
| 3 | 6 | 54 | 36 | 324 | 2 916 |
| 4 | 7 | 63 | 49 | 441 | 3 969 |
| 5 | 8 | 70 | 64 | 560 | 4 900 |
| 6 | 9 | 74 | 81 | 666 | 5 476 |
| 7 | 10 | 74 | 100 | 740 | 5 476 |
| 8 | 11 | 71 | 121 | 781 | 5 041 |
| $\sum$ | 60 | 476 | 492 | 3 834 | 30 326 |

因为 $n=8$，计算得，

$$\bar{L}=7.5,\bar{Q}=59.5$$

$$l_{LQ}=\sum_{i=1}^{8}L_iQ_i-n\bar{L}\,\bar{Q}=3\,834-8\times7.5\times59.5=264$$

$$l_{LL}=\sum_{i=1}^{8}L_i^2-n\bar{L}^2=492-8\times7.5^2=42$$

$$\hat{b}=\frac{l_{LQ}}{l_{LL}}=\frac{264}{42}\approx6.285\,7$$

$$\hat{a}=\bar{Q}-\hat{b}\bar{L}=59.5-6.285\,7\times7.5\approx12.357\,2$$

所以，回归直线方程为

$$\hat{Q}=\hat{a}+\hat{b}\bar{L}=12.357\,2+6.285\,7L$$

即案例“人多未必好办事”中的转盘生产函数在加工的机床数为 4 台时，为：

$$Q(L,4)=12.357\,2+6.285\,7L$$

我们通过上述生产函数，分别计算当工人数从 4 名增加到 11 名时，转盘的总产量、人均产量、边际产量和偏导数的值，计算结果（近似值）见表 3—5.

表 3—5 通过转盘生产函数计算的日产统计表

| 工人数 | 总产量 | 人均产量 | 边际产量 | 偏导数值 |
| --- | --- | --- | --- | --- |
| 4 | 37.5 | 9.375 | | 6.285 7 |
| 5 | 43.785 7 | 8.757 1 | 6.285 7 | 6.285 7 |
| 6 | 50.071 4 | 8.345 2 | 6.285 7 | 6.285 7 |
| 7 | 56.357 1 | 8.051 | 6.285 7 | 6.285 7 |
| 8 | 62.642 8 | 7.830 4 | 6.285 7 | 6.285 7 |
| 9 | 68.928 5 | 7.658 7 | 6.285 7 | 6.285 7 |
| 10 | 75.214 2 | 7.521 4 | 6.285 7 | 6.285 7 |
| 11 | 81.499 9 | 7.409 0 | 6.285 7 | 6.285 7 |

通过表中的数值可知，通过上述生产函数计算出的总产量、人均产量与案例“人多未必好办事”中的相关数值拟合得不太好，原因是把转盘生产函数看作直线方程造成的. 如果把图 3—5 中的曲线看作是一条二次曲线，用二次函数进行拟合，即求二元回归方程，拟合的效果要好得多.

### 3.2.8 综合案例：邦德建筑公司

邦德在 1999 年获得工商管理专业学士学位之后，开办了一家自己的建筑企业，专门为居民建造车库．他的企业发展很快，到 2005 年，共雇用了 20 名工人，工人每人每年的薪水为 25 000 美元．所有的管理、会计和秘书工作均由邦德先生自己担任．2005 年，该公司共建造了 400 个车库．材料由客户自己提供，每个车库的造价为 1 600 美元．

企业租有的设备（包括一个梯子、几件电动工具和一台空气压缩机）进行组合，定为一个单位的资本．目前，企业租用 1 个单位资本的租金为每年 5 000 美元．2005 年企业共租用了 15 个单位的资本．资本和人工成本是该企业唯一的外显成本．人工和资本的投入量可以每天不同．

邦德是用继承来的 100 000 美元开办企业的．他为曾经有几个人愿意按 300 000 美元的价格购买他的企业而感到高兴．企业 2005 年的会计损益表示，在付给邦德 25 000 美元之后，利润为 40 000 美元．如果邦德把开办企业的资金 100 000 美元借给有同样风险的其他人使用，市场利息率为 14%.

邦德在当地社区大学的一个夜校刚学完管理经济学课程．通过学习，使他开始考虑许多以前从未考虑过的问题．例如，邦德建筑公司是否真有盈利？目前资本和人工的组合是否最优？

管理好企业的压力开始使邦德感到烦恼．他不知道如果他在本地的一家很大的建筑企业海克泰尔公司找到一份工作，是否会更加愉快？海克泰尔公司的经理已多次提出让他去工作，2006 年 1 月该公司许诺给邦德的薪水为每年 40 000 美元．

邦德决定聘请一位顾问来对他的公司的经营做一次深入的经济分析．不幸的是，他保存下的能用来做经济分析的资料很少．不过，在 7 年的经营中，每年的产量以及每年资本和人工的投入量数据还是保留了下来，这些数据如表 3—6 所示：

**表 3—6　　邦德公司每年的产量和资本投入量、人工投入量数据表**

| 年份 | 产量（车库数）（单位为个） | 资本投入量（单位为个） | 人工投入量（单位为个） |
| --- | --- | --- | --- |
| 1999 | 35 | 1 | 2 |
| 2000 | 49 | 1 | 3 |
| 2001 | 81 | 4 | 4 |
| 2002 | 156 | 4 | 9 |
| 2003 | 255 | 8 | 14 |
| 2004 | 277 | 12 | 14 |
| 2005 | 400 | 15 | 20 |

邦德认为，柯布—道格拉斯函数 $Q = AK^aL^b$ 可以用来描述公司的生产过程．上面提供的信息是能够取得的全部信息．

(1) 请计算 2005 年该企业获得的真正的利润；

(2) 如果 2005 年的利润为负值，那么，企业盈亏平衡时的产量是多少？请利用已有的信息求出企业相关的总成本函数和单位成本函数.

(3) 用普通的最小二乘法估计生产函数．其规模收益是递增、递减还是不变？请解释之．

(4) 求产量为 400 个单位时应当采用的最优的资本和劳动力组合．把这一组合与 2005 年用的实际组合相比较．

注意，对柯布—道格拉斯生产函数来说，劳动力和资本的边际产量方程分别为：$Q'_L = bAK^aL^{b-1}, Q'_K = aAK^{a-1}L^b$ .

**解** (1) 因为邦德公司 2005 年的收益 $R$ 为

$$R = pQ = 1\ 600 \times 400 = 640\ 000 \text{（美元）}$$

成本函数为

$$C = 5\ 000K + 25\ 000L + 100\ 000 \times 14\%$$

其中“100 000×14%”项是由信息“如果把开办企业的资金 100 000 美元借给有同样风险的其他人使用，市场利息率为 14%”得到的. 将 2005 年的资本和人工投入数 $K = 15, L = 21$（含邦德本人）代入，可得到 2005 年邦德公司的成本

$$\begin{aligned} C(15, 21) &= 5\ 000 \times 15 + 25\ 000 \times 21 + 100\ 000 \times 14\% \\ &= 614\ 000 \text{（美元）} \end{aligned}$$

所以邦德公司 2005 年获得的真正的利润为

$$R - C = 640\ 000 - 614\ 000 = 26\ 000 \text{（美元）}$$

(2) 因为当利润为零时，即

$$R = 1\ 600Q = 5\ 000K + 25\ 000L + 14\ 000 = C$$

时，企业盈亏平衡. 将 $K = 15, L = 21$ 代入，得

$$Q = 383.75$$

故企业盈亏平衡时的产量是 384 个车库.

邦德公司的总成本函数为

$$C(K, L) = 5\ 000K + 25\ 000L + 14\ 000$$

单位成本函数为

$$\overline{C}(K, L) = 5\ 000\frac{K}{K+L} + 25\ 000\frac{L}{K+L} + \frac{14\ 000}{K+L}$$

(3) 将生产函数 $Q = AK^aL^b$ 线性化，即在等号两边取对数

$$\ln Q = a\ln K + b\ln L + \ln A \tag{3.20}$$

分别令 $z = \ln Q, x = \ln K, y = \ln L, c = \ln A$，则 (3.20) 式化为

$$z = ax + by + c \tag{3.21}$$

式 (3.21) 是二元线性函数，二元线性回归方程的回归系数 $a, b$ 和

常数$c$的计算公式如下：

$$\begin{cases}\hat{a}=\dfrac{l_{1z}l_{22}-l_{12}l_{2z}}{l_{11}l_{22}-l_{12}l_{21}}\\ \hat{b}=\dfrac{l_{2z}l_{11}-l_{21}l_{1z}}{l_{11}l_{22}-l_{12}l_{21}}\\ \hat{c}=\overline{z}-\hat{a}\overline{x}-\hat{b}\overline{y}\end{cases} \tag{3.22}$$

其中，$\overline{x}=\dfrac{1}{n}\sum\limits_{j=1}^{n}x_j,\overline{y}=\dfrac{1}{n}\sum\limits_{j=1}^{n}y_j,\overline{z}=\dfrac{1}{n}\sum\limits_{j=1}^{n}z_j$；

$$l_{11}=\sum_{j=1}^{n}(x_j-\overline{x})^2=\sum_{j=1}^{n}x_j^2-n\overline{x}^2,$$

$$l_{12}=l_{21}=\sum_{j=1}^{n}(x_j-\overline{x})(y_j-\overline{y})=\sum_{j=1}^{n}x_jy_j-n\overline{x}\,\overline{y},$$

$$l_{22}=\sum_{j=1}^{n}(y_j-\overline{y})^2=\sum_{j=1}^{n}y_j^2-n\overline{y}^2,$$

$$l_{1z}=\sum_{j=1}^{n}(x_j-\overline{x})(x_j-\overline{x})=\sum_{j=1}^{n}x_jz_j-n\overline{x}\,\overline{z},$$

$$l_{2z}=\sum_{j=1}^{n}(y_j-\overline{y})(z_j-\overline{z})=\sum_{j=1}^{n}y_jz_j-n\overline{y}\,\overline{z}.$$

列表计算 $x_j^2,y_j^2,xy,xz,yz$，见表3—7.

**表3—7　邦德公司生产函数回归方程计算表**

| 序号 $j$ | $x_j$ $\ln K$ | $y_j$ $\ln L$ | $z_j$ $\ln Q$ | $x_j^2$ | $y_j^2$ | $x_jy_j$ | $x_jz_j$ | $y_jz_j$ |
|---|---|---|---|---|---|---|---|---|
| 1 | 0 | 1.099 | 3.555 | 0 | 1.208 | 0 | 0 | 3.907 |
| 2 | 0 | 1.386 | 3.892 | 0 | 1.921 | 0 | 0 | 5.394 |
| 3 | 1.386 | 1.609 | 4.394 | 1.921 | 2.589 | 2.230 | 6.090 | 7.070 |
| 4 | 1.386 | 2.303 | 5.050 | 1.921 | 5.304 | 3.192 | 6.999 | 11.630 |
| 5 | 2.079 | 2.708 | 5.541 | 4.322 | 7.333 | 5.630 | 11.520 | 15.005 |
| 6 | 2.485 | 2.708 | 5.624 | 6.175 | 7.333 | 6.729 | 13.976 | 15.230 |
| 7 | 2.708 | 3.045 | 5.991 | 7.333 | 9.272 | 8.246 | 16.224 | 18.243 |
| $\sum$ | 10.044 | 14.858 | 34.047 | 21.672 | 34.960 | 26.027 | 54.809 | 76.479 |

再计算回归系数和常数．因为

$$l_{11}=\sum_{j=1}^{7}x_j^2-7\times\overline{x}^2$$

$$=21.672-\frac{1}{7}\times10.044^2\approx7.260$$

$$l_{12}=l_{21}=\sum_{j=1}^{7}x_jy_j-7\times\overline{x}\,\overline{y}$$

$$=26.027-\frac{1}{7}\times10.044\times14.858\approx4.708$$

$$l_{22}=\sum_{j=1}^{7}y_j^2-7\times\overline{y}^2$$

$$=34.960-\frac{1}{7}\times14.858^2\approx3.423$$

$$l_{1z}=\sum_{j=1}^{7}x_jz_j-7\times\overline{x}\,\overline{z}$$

$$=54.809-\frac{1}{7}\times10.044\times34.047\approx5.956$$

$$l_{2z}=\sum_{j=1}^{7}y_jz_j-7\times\overline{y}\overline{z}=76.479-\frac{1}{7}\times14.858\times34.047\approx4.212$$

所以

$$\hat{a}=\frac{l_{1z}l_{22}-l_{12}l_{2z}}{l_{11}l_{22}-l_{12}l_{21}}=\frac{5.956\times3.423-4.708\times4.212}{7.26\times3.423-4.708\times4.708}$$

$$=\frac{0.557}{2.686}\approx0.21$$

$$\hat{b}=\frac{l_{2z}l_{11}-l_{21}l_{1z}}{l_{11}l_{22}-l_{12}l_{21}}=\frac{4.212\times7.260-4.708\times5.956}{7.26\times3.423-4.708\times4.708}$$

$$=\frac{2.538}{2.686}\approx0.94$$

$$\hat{c}=\overline{z}-\hat{a}\overline{x}-\hat{b}\overline{y}=4.864-0.21\times1.435-0.94\times2.123$$

$$\approx2.57$$

由此可得二元线性回归方程为

$$z=0.21x+0.94y+2.57$$

$$\ln Q=0.21\ln K+0.94\ln L+\ln13.07$$

所以，邦德公司的生产函数为

$$Q=13.07K^{0.21}L^{0.94}$$

又因为邦德公司的生产函数为柯布—道格拉斯生产函数，两个投入

要素的指数之和

$$\hat{a}+\hat{b}=0.21+0.94=1.15>1$$

所以其规模收益是递增的.

(4) 这是一个企业经营决策中的要素投入最优组合问题，是一个产量既定成本最小的问题，也就是在产量 $Q=13.07K^{0.21}L^{0.94}=400$ 单位条件下，求总成本

$$C(K,L)=5\,000K+25\,000L+14\,000$$

最小的资本和劳动力组合.

令 $F(K, L, \lambda)=5\,000K+25\,000L+14\,000+\lambda(13.07K^{0.21}L^{0.94}-400)$

由极值的必要条件

$$\begin{cases} F'_K=5\,000+\lambda\times 0.21\times 13.07K^{-0.79}L^{0.94}=0 & ① \\ F'_L=25\,000+\lambda\times 0.94\times 13.07K^{0.21}L^{-0.06}=0 & ② \\ F'_\lambda=13.07K^{0.21}L^{0.94}-400=0 & ③ \end{cases}$$

由③式得 $13.07K^{0.21}L^{0.94}=400$，将其代入①、②式，得

$$\begin{cases} 5\,000+0.21\lambda K^{-1}\times 400=0 \\ 25\,000+0.94\lambda L^{-1}\times 400=0 \end{cases}$$

解此方程组，得

$$0.94K=1.05L$$

即当劳动力 $L$ 与资本 $K$ 的投入之比为 $L:K\approx 0.9:1$ 时，产量最大.

把 $L=0.9K$，$Q=400Q$ 代入生产函数，得

$$400=13.07K^{0.21}(0.9K)^{0.94}=11.89K^{1.15}$$

$$K^{1.15}\approx 33.64$$

$$K=21,\ L=19$$

即当产量为 400 单位时应采用的最优组合为资本 $K=21$ 和劳动力 $L=19$.

这一组合与 2005 年实际投入的资本 $K=15$ 和劳动力 $L=21$ 相比较，资本增加了 6 个单位，劳动力节省了 2 个单位.

## 简单练习 3.2

1. 求出下列各生产函数 $z$ 对投入要素 $x$ 和 $y$ 的边际产量：

 (1) $z=25-\dfrac{1}{x}-\dfrac{1}{y}$，在 $x=1,y=1$ 处；

 (2) $z=x^3+2y^2-xy+20$；

 (3) $z=e^x+e^y+xy+5$；

 (4) $16z^2-z-80-4(x-5)^2+2(y-4)^2=0$.

2. 设某产品的产量 $Q$ 是劳动力 $L$ 和资本 $K$ 的函数

$$Q=60L^{\frac{1}{4}}K^{\frac{3}{4}}$$

 求当 $L=128,K=8$ 时，劳动力的边际产量和资本的边际产量.

3. 如果生产两种产量分别为 $x$ 和 $y$ 的商品的总成本函数是

$$C=x\ln(5+y)$$

 求边际成本 $C'_x,C'_y$.

4. 求下列函数的二阶偏导数：

 (1) $z=x^3+3x^2y+4y^3$；

 (2) $z=x^y$；

 (3) $z=\dfrac{x+y}{x-y}$.

5. 求下列函数的极值：

 (1) $z=x^2-xy+y^2+9x-6y+20$；

 (2) $z=4(x-y)-x^2-y^2$.

6. 某企业使用劳动力 $L$ 和资本 $K$ 进行生产，生产函数为

$$Q=20L+65K-0.5L^2-0.5K^2$$

 求企业的产量最大时的 $L$ 和 $K$ 的投入量.

7. 一家企业销售两种产品，其利润函数为：

$$L(Q_1,Q_2)=50Q_1-Q_1^2+100Q_2-4Q_2^2$$

 式中，$Q_1,Q_2$ 分别为产品Ⅰ和产品Ⅱ的产量．求使利润最大时两种产品的产量，以及最大利润.

8. 某厂生产 A 产品 $x$ 件和 B 产品 $y$ 件，总成本为

$$C = x^2 + 4xy + y^2$$

已知 A 产品的价格 $p_1 = 40 - 3x$，B 产品的价格 $p_2 = 40 - 5y$，求最大利润和相应的价格．

9. 某公司可通过电视和报纸两种方式做销售广告．根据统计，销售收入 $R$（单位为万元）与报纸广告费用 $x_1$（单位为万元）及电视广告费用 $x_2$（单位为万元）之间有经验公式

$$R = 15 + 14x_1 + 32x_2 - 8x_1x_2 - 2x_1^2 - 10x_2^2$$

(1) 在广告费用不限的情况下，求最优广告决策，使获得的利润最大；

(2) 若可使用的广告费用是 1.5 万元，求相应的最优广告策略，使获得的利润最大．

10. 已知某工厂生产 A，B 两种产品，产量分别为 $x,y$（单位为千件）时，利润函数为

$$L(x,y) = 2x - x^2 + 8y - 3y^2 - 2 \text{（百万元）}$$

已知生产这两种产品时，每千件均需消耗某种原料 1 000 千克，现有该原料 3 000 千克．问两种产品各生产多少千件时，总利润最大？最大利润是多少？

11. 某厂生产甲、乙两种产品，产量分别为 $x,y$（单位为吨），又甲、乙两种产品产量总和为 34 吨，且其总成本为 $x,y$ 的函数：

$$C(x,y) = 6x^2 + 10y^2 - xy + 30$$

求两种产品产量各为多少时总成本最小？

12. 某化工厂做一种原料含量 $x$ 与产品回收率 $y$ 之间的相关试验，4 次试验结果如表 3—8：

**表 3—8**

| $x$ | 2 | 4 | 6 | 8 |
|---|---|---|---|---|
| $y$ | 10 | 20 | 20 | 30 |

试求 $y$ 对 $x$ 的回归直线．

13. 产品的产量 $x$ 与煤耗量 $y$ 有直接关系．今随机测试 5 组值，计算得：

$$\overline{x}=5,\overline{y}=4,\sum_{i=1}^{5}(x_i-\overline{x})^2=36.02,$$

$$\sum_{i=1}^{5}(x_i-\overline{x})(y_i-\overline{y})=30.9,\sum_{i=1}^{5}(y_i-\overline{y})^2=27.5$$

试求回归直线方程.

## 习题 3

1. 求下列函数的定义域:

(1) $z=\sqrt{x}+y$; (2) $z=\sqrt{1-x^2}+\sqrt{y^2-1}$;

(3) $z=\dfrac{1+x^3y^3}{x^2-y^2}$; (4) $z=\sqrt{1-\dfrac{x^2}{a^2}-\dfrac{y^2}{b^2}}$;

(5) $z=\sqrt{R^2-x^2-y^2}+\dfrac{1}{\sqrt{x^2+y^2-r^2}}\quad(R>r)$.

2. 设 $x=\dfrac{1}{2},y=-\dfrac{\sqrt{3}}{2}$,求 $z=\mathrm{e}^{xy}+\ln(x-y)$.

3. 设 $f(x,y)=x^2-xy+y$,试求 $f(x+\Delta x,y)-f(x,y)$ 和 $f(x,y+\Delta y)-f(x,y)$.

4. 证明下列函数为齐次函数,并说明它们是几次齐次函数.

(1) $f(x,y)=x^3+xy^2$; (2) $f(x,y)=\dfrac{1}{x-y}$;

(3) $f(x,y)=x^5\mathrm{e}^{-\frac{y}{x}}$; (4) $f(x,y)=\dfrac{x^2y^2}{x^4+y^4}$.

5. 求下列函数的偏导数值:

(1) 设 $f(x,y)=\dfrac{y}{x}+x^2-y^2$,求 $f'_x(2,0),f'_y(2,0)$;

(2) 设 $f(x,y)=\dfrac{xy(x^2-y^2)}{x^2+y^2}$,求 $f'_x(1,1),f'_y(1,1)$;

(3) 设 $f(x,y)=\ln(x+\mathrm{e}^{xy})$,求 $\left.\dfrac{\partial f}{\partial x}\right|_{\substack{x=2\\y=1}}$;

(4) 设 $f(x,y)=\mathrm{e}^{-2x}(x+2y)$,求 $f'_x(0,1),f'_y(0,1)$.

6. 求下列函数的偏导数：

(1)$z = x^2y^2$；　　(2)$z = \ln\frac{y}{x}$；

(3)$z = e^{xy} + yx^2$；　　(4)$z = xy\sqrt{R^2 - x^2 - y^2}$；

(5)$z = \frac{x}{\sqrt{x^2 + y^2}}$；　　(6)$z = e^{\frac{x}{y}} + \ln(y - x)$.

7. 求出下列总成本函数 $C$ 对产量 $x$ 和 $y$ 的边际成本：

(1) $C = 5xy - 2x^2 - 2y^2$，在 $x = 1, y = 1$ 处；

(2)$C = x^2y^2 - 3xy + y + 8$；

(3)$C = x^2\ln(y + 10)$；

(4)$6C^3 - C^2 - 6x - 24y + x^2 + 4y^2 + 50 = 0$.

8. 正方轮胎公司是一家规模较小的轮胎生产商．其生产函数为

$$Q = 25\ 100K^{0.5}L^{0.5}$$

在上一个生产期，企业的经营是高效率的，资本和劳动力的投入量分别为 100 和 25，问此时的资本和劳动力的边际产量是多少？

9. 一家企业生产两种产品，牛奶和奶酪．$Q_1$ 和 $Q_2$ 分别代表牛奶和奶酪的产量．利润函数为：

$$L(Q_1, Q_2) = -100 + 20Q_1 + 60Q_2 - 10Q_1^2 - 2Q_2^2 + 2Q_1Q_2$$

求这两种产品的利润最大化时的产量．

10. 假设某公司生产甲、乙两种产品，其中甲、乙两产品的产量分别为 $x, y$．如果甲、乙两产品的单价分别为 $p_1 = 4$ 和 $p_2 = 1$，那么公司的收益函数为 $R(x, y) = 4x + y$. 另外，公司的生产总成本为 $C(x, y) = 5 + x^2 - xy + y^2$，问如何生产才能使公司的利润最大？

11. 某小公司生产两种产品 A 和 B．假定这两种产品的市场价格不受这个公司产量的影响，而该公司的成本函数是 $C(x, y) = 2x^2 + xy + 2y^2$，两种产品的市场价格分别是 A 产品 12 万元/单位，B 产品 18 万元/单位．试决定生产每种产品的数量，以保证获得最大利润．

12. 有一家企业生产两种计算器，它们的总收入和总成本方程如下：

$$R(Q_x, Q_y) = 20Q_x + 30Q_y,$$

$$C(Q_x,Q_y)=Q_x^2-2Q_xQ_y+2Q_y^2+6Q_x+14Q_y+5$$

式中，$Q_x$ 和 $Q_y$ 分别为两种计算器每年的销售量（单位为千台）.

(1) 为使利润最大，企业每种计算器应各生产多少台？

(2) 企业能获得的最大利润是多少？

13. 设生产某产品的数量 $z$ 与所用的 A,B 两种原材料的数量 $x,y$ 之间有以下关系：

$$z=f(x,y)=0.005x^2y$$

假定 A,B 两种原材料的单价分别是 1 元和 2 元，如果用 150 元购买原材料，问 A,B 两种原料各买多少，能使得生产函数的产量 $z$ 最大？这个最大产量是多少？

14. 设某工厂生产 A 和 B 两种产品. 产量分别为 $x$ 和 $y$（单位为千件），利润函数为

$$L(x,y)=6x-x^2+16y-4y^2-2 \text{（单位为万元）}$$

已知生产这两种产品时，每千件产品均需消耗某种原料 2 000 千克. 现有该原料 12 000 千克，问这两种产品各生产多少千件时，利润最大？最大利润为多少？

15. 某种合金钢的抗拉强度 $y$ 与钢的含碳量 $x$ 有关. 今测得 8 组数据，计算得

$$\sum_{i=1}^{8}x_i=53,\sum_{i=1}^{8}y_i=228,$$

$$\sum_{i=1}^{8}x_i^2=478,\sum_{i=1}^{8}x_iy_i=1\,849,\sum_{i=1}^{8}y_i^2=7\,809.5$$

试求 $y$ 对 $x$ 的回归直线方程.

16. 经统计，某市 9 年的个人消费支出与个人收入数据如表 3—9 所示（单位为元）.

**表 3—9**

| 个人收入 $x$ | 64 | 70 | 77 | 82 | 90 | 107 | 125 | 143 | 165 |
|---|---|---|---|---|---|---|---|---|---|
| 个人消费支出 $y$ | 56 | 66 | 66 | 70 | 78 | 88 | 102 | 118 | 136 |

求个人消费支出对个人收入的回归方程.

**综合案例题 1：**

音乐用品商店出售低成本的 CD 唱机和扩音器，销售这两种产品的总收入为：

$$R = 200Q_C - 6Q_C^2 + 100Q_S - 4Q_S^2 + Q_CQ_S$$

式中 $Q_C$ 和 $Q_S$ 分别为 CD 唱机和扩音器的销售量，CD 唱机的边际成本为 20 美元，扩音器的边际成本为 10 美元．问：

(1) 每种产品的利润最大化产量是多少？

(2) 如果两种产品之间在需求上没有任何联系，它们的利润最大化产量是多少？

**综合案例题 2：**

设有两种商品 $X_1, X_2$，对它们的需求量 $q_1, q_2$ 是两种商品的价格 $p_1, p_2$ 的函数（通常叫做需求函数）：

$$q_1 = 8 - p_1 + 2p_2, q_2 = 10 + 2p_1 - 5p_2$$

而生产这两种商品的总费用（叫做成本函数）为

$$C = (3q_1 + 2q_2)$$

问这两种商品 的价格 $p_1, p_2$ 分别为多少时，可以获得最大利润？

**综合案例题 3：**

某种玩具的市场需求函数和供给函数分别为：

$$Q_D = 2\,000 - 250p \text{ 和 } Q_S = 600 + 100p,$$

式中 $Q_D$ 为需求量，$Q_S$ 为供给量，$p$ 为价格．

阿达姆柯公司生产这种玩具的生产函数为：

$$Q = K^{0.5}L^{0.5}$$

式中 $Q$ 为产量，$K$ 为资本投入量，$L$ 为劳动力投入量．阿达姆柯在一个小镇上是最大的劳动力雇主，它面临的劳动力供给函数为：$w = 0.5L_S$，式中 $w$ 为工资率．

如果资本的投入固定为 256，请确定利润最大化的劳动力投入量、产量和工资率．

第4章

# 社会收入分配与积分

随着社会经济的快速发展，社会贫富差距逐渐扩大的问题越来越引起社会的广泛关注．国家通过调整个人所得税征收标准等方法来缩小社会收入分配的差距．所谓社会贫富差距较大是指少数人占有较大比例的社会收入．那么如何客观地衡量社会收入分配的均等程度呢？我们利用图 4—1 来加以说明．



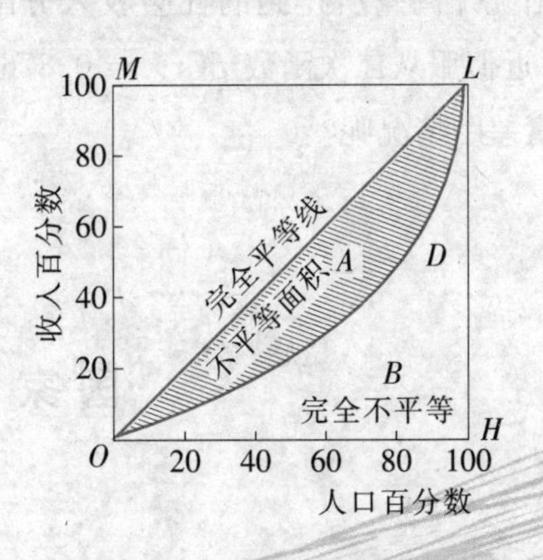


图 4—1　社会收入分配图

图中横轴 $OH$ 表示人口（按收入由低到高排列）的累计百分比，纵轴 $OM$ 表示收入的累计百分比，三角形 $OHL$ 的面积为$\frac{1}{2}$.

从图中可以看出，当面积 $A$ 为 0 时，即曲线 $ODL$ 与对角线 $OL$ 重合，则表示社会收入分配完全

平等．例如70%的社会成员平均占有70%的社会收入；如果面积 $A$ 接近 $\frac{1}{2}$（或 $B$ 的面积接近0）时，即曲线 $ODL$ 成为折线 $OHL$，则表示社会收入分配完全不平等．例如接近1%的社会成员几乎占有100%的社会收入．

当然上述两种情况是收入分配的极端例子．实际上，一个国家的社会收入分配既不会完全平等，也不会完全不平等，而是介于两者之间．一般地，收入分配不平等的程度则由曲线 $ODL$ 与对角线 $OL$ 的偏离程度的大小所决定，即由面积 $A$ 的大小所决定（因此，经济学上称 $A$ 为不平等面积）．为了便于比较和准确刻画，经济学上采用不平等面积 $A$ 占最大不平等面积 $A+B$ 的比例 $\frac{A}{A+B}$ 来衡量社会收入分配的不平等程度．这个比值在经济学上称为**基尼系数**．所以计算基尼系数的关键在于求出面积 $A$，$B$ 的值．

已知某国统计调查所得到的社会收入分配数据，进行分析后得知，其曲线 $ODL$ 近似服从二次函数 $f(x)=0.876x^2$，那么如何分析该国当年的社会贫富差距情况呢？

从上面对基尼系数的描述我们可以看出，只要求出 $A$ 或 $B$ 的面积，就可以计算基尼系数了．当 $A$、$B$ 是由一条曲线和几条直线所围成的曲边三角形时，用我们熟知的初等数学的方法难以求出它们的面积，但是用定积分的方法可以很容易地得到 $A$、$B$ 的值．为此，我们需要引入定积分的概念．

## 4.1 定积分的概念

定积分的概念来源于实际问题．它在科学技术、社会生活和经济管理等许多领域有着广泛的应用．例如我们经常遇到的曲边图形的面积计算问题、优化问题、消费者剩余问题和基尼系数的计算等问题，都可以用定积分的方法解决．

### 4.1.1 定积分的概念

为了讲述定积分的概念，我们先引入原函数的定义．

**定义 4.1**

设 $f(x)$ 是定义在区间 $D$ 上的函数，若存在函数 $F(x)$，使得对于区间 $D$ 上的任意 $x$ 均有

$$F'(x) = f(x) \quad (\text{或 } \mathrm{d}F(x) = f(x)\mathrm{d}x) \tag{4.1}$$

则称 $F(x)$ 为 $f(x)$ 在区间 $D$ 上的一个**原函数**（简称为 $f(x)$ 的原函数）.

例如，$\left(\frac{1}{3}x^3\right)'=x^2$，所以，$\frac{1}{3}x^3$ 是 $x^2$ 的一个原函数；$(-\mathrm{e}^{-x})'=\mathrm{e}^{-x}$，所以，$-\mathrm{e}^{-x}$是 $\mathrm{e}^{-x}$的一个原函数．

从原函数的定义中可以看出，原函数 $F(x)$ 和导数的联系非常密切，它可以看作是导数的逆运算．有了原函数的概念，我们就可以引入定积

分的定义了.

**定义 4.2**

设函数 $f(x)$ 在区间 $[a, b]$ 上连续，$F(x)$ 为函数 $f(x)$ 的一个原函数，则数值

$$F(b)-F(a)$$

称为 $f(x)$ 在区间 $[a, b]$ 上的定积分（或称为 $f(x)$ 从 $a$ 到 $b$ 的定积分），记为 $\int_a^b f(x)\mathrm{d}x$，即

$$\int_a^b f(x)\mathrm{d}x = F(x)\Big|_a^b = F(b)-F(a) \tag{4.2}$$

其中，$f(x)$ 称为**被积函数**，$x$ 称为**积分变量**，数 $a$ 和 $b$ 分别称为积分的**下限**和**上限**，$[a, b]$ 称为**积分区间**.

(4.2) 式也称为牛顿—莱布尼兹（Newton-Leibniz）公式，简称 **N-L** 公式.

由定义 4.2 可知，计算定积分 $\int_a^b f(x)\mathrm{d}x$ 时，应首先求出 $f(x)$ 的一个原函数 $F(x)$，然后将积分下限和上限 $a$、$b$ 分别代入 $F(x)$，作函数值之差$F(b)-F(a)$ .

**提示**

计算定积分，为什么可以任意选取原函数?

所以计算定积分值时，关键是求出 $f(x)$ 的一个原函数 $F(x)$，这不但需要我们熟悉导数的运算，而且要注意思考的方向，它是导数计算的逆运算，只要我们多练习，就可以熟练掌握原函数 $F(x)$ 的计算方法.

对定积分的有关概念，需要说明以下几点：

(1) 由牛顿—莱布尼兹公式知，定积分 $\int_a^b f(x)\mathrm{d}x$ 的值与被积函数 $f(x)$ 和积分区间 $[a, b]$ 有关，与积分变量所选取的字母无关，即

$$\int_a^b f(x)\mathrm{d}x = \int_a^b f(u)\mathrm{d}u = \int_a^b f(t)\mathrm{d}t$$

(2) 在计算定积分 $\int_a^b f(x)\,\mathrm{d}x$ 时，选取哪一个原函数是无关紧要的，即如果 $F(x)$ 和 $G(x)$ 都是 $f(x)$ 的原函数，则

$$\int_a^b f(x)\mathrm{d}x = F(b) - F(a) = G(b) - G(a)$$

(3) 对于任意一点 $x_0 \in [a, b]$，由牛顿—莱布尼兹公式得

$$\int_a^{x_0} f(x)\mathrm{d}x = F(x)\Big|_a^{x_0} = F(x_0) - F(a)$$

可见，定积分 $\int_a^{x_0} f(x)\mathrm{d}x$ 是随上限 $x_0$ 变动的，从而对任意变动的点 $x \in [a, b]$，变上限定积分

$$\int_a^x f(x)\mathrm{d}x = F(x)\Big|_a^x = F(x) - F(a) \tag{4.3}$$

是 $x$ 的函数，且由

$$\left[\int_a^x f(x)\mathrm{d}x\right]' = [F(x) - F(a)]' = F'(x) = f(x)$$

说明 $\int_a^x f(x)\mathrm{d}x$ 还是 $f(x)$ 的一个原函数．

(4) 为了讨论方便，我们规定

$$\int_a^b f(x)\mathrm{d}x = -\int_b^a f(x)\mathrm{d}x\ ;\ \int_a^a f(x)\mathrm{d}x = 0.$$

**例 1** 计算 $\int_1^{\mathrm{e}} \frac{1}{x}\mathrm{d}x$.

**解** 因为在 $[1, \mathrm{e}]$ 上，已知 $(\ln x)' = \frac{1}{x}$

所以，$\int_1^{\mathrm{e}} \frac{1}{x}\,\mathrm{d}x = \ln x\Big|_1^{\mathrm{e}} = \ln \mathrm{e} - \ln 1 = 1.$

**例 2** 已知生产某产品 $q$ 件时的边际成本为 $2q+3$（单位为元/件），且已知固定成本 $C_0$ 为12元，求产品的总成本函数 $C(q)$.

**解** 由第2章的知识可知，边际成本是总成本函数 $C(q)$ 的导数，即

$$C'(q) = 2q + 3$$

则可由公式（4.2）得出变上限定积分 $\int_0^q C'(q)\mathrm{d}q = C(q) - C(0)$，移项得总成本函数为

$$C(q) = \int_0^q C'(q)\mathrm{d}q + C(0) = \int_0^q C'(q)\mathrm{d}q + C_0 \text{（其中 } C_0 \text{ 为固定成本）}$$

因为 $(q^2+3q)'=2q+3$，则总成本函数为

$$C(q)=\int_0^q(2q+3)\mathrm{d}q+C_0=q^2+3q+12$$

上述例子说明，利用定积分可以解决经济管理中常常遇到的边际函数和总函数的关系问题，在后面我们还要更详细地讲解．定积分在几何上有更为实际的应用价值．

### 4.1.2 定积分的几何意义

定积分在几何上表示：若 $f(x)$ 在 $[a,b]$ 上连续，且 $f(x)\geqslant 0$，则 $f(x)$ 在 $[a,b]$ 上的定积分

$$\int_a^b f(x)\mathrm{d}x$$

是由曲线 $y=f(x)$ 和直线 $y=0$ 及直线 $x=a$，$x=b$ 所围成的曲边梯形的面积 $A$，即

$$A=\int_a^b f(x)\mathrm{d}x \tag{4.4}$$

思考

若函数 $f(x)$ 没有非负限制，即 $f(x)$ 是任意函数，则所围成的面积如何求？

如图 4—2 所示.

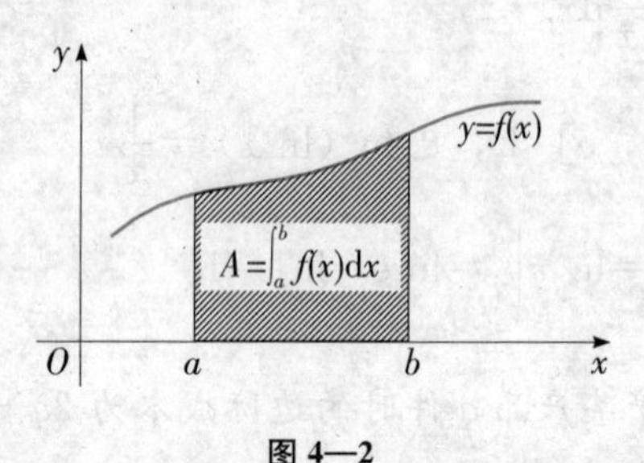


图 4—2

曲边三角形可以看成是曲边梯形的特例．利用定积分的几何意义和定积分的计算，我们还可以求出许多曲边图形的面积.

**例 3** 求由曲线 $y=x^2$，直线 $x=1$，$x=2$ 和 $x$ 轴所围成图形的面积．

**解** 如图 4—3 所示.

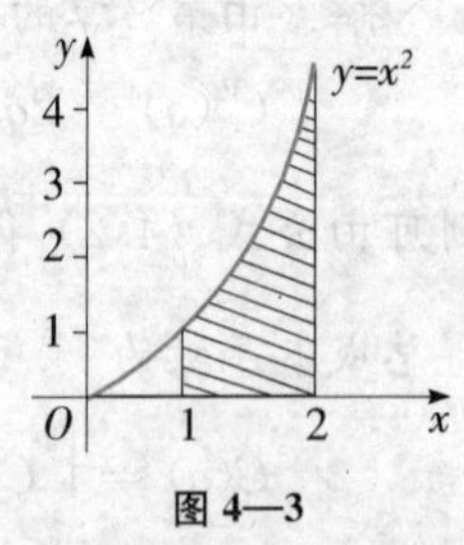


图 4—3

由定积分的几何意义知，由上述曲线和直线所

围成的面积为

$$A=\int_1^2 x^2\,\mathrm{d}x$$

因为在 [1, 2] 上，已知$\left(\frac{1}{3}x^3\right)'=x^2$，则所求面积为

$$A=\int_1^2 x^2\,\mathrm{d}x=\frac{1}{3}x^3\Big|_1^2=\frac{7}{3}.$$

### 简单练习 4.1

1. 求下列定积分：

   (1) $\int_0^1 \mathrm{e}^x\,\mathrm{d}x$；(2) $\int_{-1}^3 3x^2\,\mathrm{d}x$.

2. 已知某产品的边际成本 $C'(q)=13-4q$，固定成本 $C_0$ 为 10 元，求产品的总成本函数 $C(q)$.

3. 求由曲线 $y=x^2$，直线 $x=1$ 和 $x$ 轴所围成图形的面积．

讲述了定积分的概念后，我们已经可以解决社会生活和经济管理中的很多问题了．但实际情况复杂多变，会遇到各种各样的积分计算问题，因此需要我们更多地掌握一些定积分的计算方法．

## 4.2 定积分的计算

利用定积分的基本公式和一些简单的定积分性质，我们可以进一步掌握积分计算中常用的直接积分法、换元积分法和分部积分法等方法，使我们更容易地进行积分的计算．

下面我们给出定积分的基本公式和一些简单的积分性质．

### 4.2.1 基本积分公式

为了便于对比，我们将对应的导数公式也一并列出．

1. $\left(\dfrac{1}{\alpha+1}x^{\alpha+1}\right)'=x^{\alpha}\quad(\alpha\neq-1)$

$$\int_a^b x^{\alpha}\mathrm{d}x=\frac{1}{\alpha+1}x^{\alpha+1}\Big|_a^b=\frac{1}{\alpha+1}(b^{\alpha+1}-a^{\alpha+1})\quad(\alpha\neq-1)$$

2．$(\ln x)'=\dfrac{1}{x}$

$$\int_a^b\frac{1}{x}\mathrm{d}x=\ln|x|\Big|_a^b=\ln|b|-\ln|a|$$

3. $\left(\dfrac{a^x}{\ln a}\right)'=a^x$

$$\int_a^b a^x\mathrm{d}x=\frac{1}{\ln a}a^x\Big|_a^b=\frac{1}{\ln a}(a^b-a^a)$$

4. $(\mathrm{e}^x)'=\mathrm{e}^x$

$$\int_a^b\mathrm{e}^x\mathrm{d}x=\mathrm{e}^x\Big|_a^b=\mathrm{e}^b-\mathrm{e}^a$$

可知，从导数公式求得积分公式的互逆运算过程是十分重要的．有了基本积分公式，我们来进一步研究积分的性质．

### 4.2.2 积分的性质

由定积分的几何意义，我们容易理解和接受积分的性质．

设 $f(x)$，$g(x)$ 在区间 $[a,b]$ 上连续，则有：

> **思考**
> 用定积分的几何意义解释性质1、性质2.

**性质 1** $\displaystyle\int_a^b kf(x)\mathrm{d}x=k\int_a^b f(x)\mathrm{d}x$ （$k$ 为常数）

**性质 2** $\displaystyle\int_a^b[f(x)\pm g(x)]\mathrm{d}x=\int_a^b f(x)\mathrm{d}x\pm\int_a^b g(x)\mathrm{d}x$

**性质 3** $\displaystyle\int_a^b f(x)\mathrm{d}x=\int_a^c f(x)\mathrm{d}x+\int_c^b f(x)\mathrm{d}x\quad(a<c<b)$

**性质 1**、**性质 2** 容易理解，它们是定积分计算中常用的性质．**性质 3**

称为定积分的区间可加性．它是定积分特有的性质．在求分段函数的定积分时经常用到这个性质．下面我们利用定积分的几何意义来解释**性质3**，如图4—4（假设 $f(x)\geqslant 0$）．

> **思考**
> 若假设 $f(x)\leqslant 0$，如何解释性质了？

由定积分的几何意义知，$\int_a^b f(x)\mathrm{d}x$ 是由曲线 $y=f(x)$ 和直线 $y=0$ 及直线 $x=a$，$x=b$ 所围成的曲边梯形的面积 $A$，同理可知，$S_1=\int_a^c f(x)\mathrm{d}x$，$S_2=\int_c^b f(x)\mathrm{d}x$，且 $S_1+S_2=A$，所以**性质3**成立.

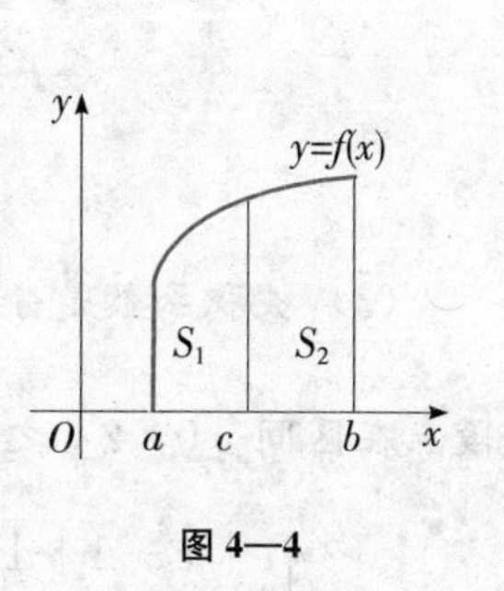


**图4—4**

有了基本积分公式和积分的性质，我们就可以利用它们来进行积分的计算了．

### 4.2.3 直接积分法

直接利用积分的基本公式和基本性质进行积分计算，或对被积函数经过简单的变形后，再利用这些基本公式和基本性质进行积分计算的方法就称为直接积分法．

用直接积分法进行积分的计算，需要熟记积分的基本公式和基本性质，并且知道函数的简单变形．

**例1** 计算下列定积分．

(1) $\int_1^2 \frac{\sqrt{x}-1}{x}\mathrm{d}x$；

(2) $\int_0^1 (3\sqrt{x}-\mathrm{e}^x)\mathrm{d}x$；

(3) $\int_0^2 |x-1|\mathrm{d}x$．

**解** (1) 由定积分的性质

$$\int_1^2 \frac{\sqrt{x}-1}{x}\mathrm{d}x=\int_1^2\left(x^{-\frac{1}{2}}-\frac{1}{x}\right)\mathrm{d}x=\frac{1}{-\frac{1}{2}+1}x^{-\frac{1}{2}+1}\Big|_1^2-\ln x\Big|_1^2$$

$$= 2x^{\frac{1}{2}}\Big|_1^2 - \ln 2 = 2\sqrt{2} - 2 - \ln 2$$

(2) $\int_0^1 (3\sqrt{x} - e^x)\,dx = \int_0^1 3\sqrt{x}\,dx - \int_0^1 e^x\,dx$

$$= 3 \times \frac{2}{3}x^{\frac{3}{2}}\Big|_0^1 - e^x\Big|_0^1 = 2 - (e-1) = 3 - e$$

(3) 被积函数是分段函数，$f(x) = |x-1| = \begin{cases} 1-x, x<1 \\ x-1, x\geqslant 1 \end{cases}$，且分段点在区间 [0，2] 之内，利用性质 3 得

$$\int_0^2 |x-1|\,dx = \int_0^1 (1-x)\,dx + \int_1^2 (x-1)\,dx$$

$$= \left(x - \frac{x^2}{2}\right)\Big|_0^1 + \left(\frac{x^2}{2} - x\right)\Big|_1^2 = 1.$$

学习了上述的直接积分法，我们就可以很容易地解决在本章开篇中所提出的基尼系数的计算问题，下面我们就来解决这个典型案例.

**例 2** 某国对统计调查所得的社会收入分配数据进行分析，曲线 $ODL$ 近似服从二次函数 $f(x) = 0.876x^2$，请分析该国当年的社会贫富差距的情况，并根据联合国有关组织规定的标准，判断该国的社会收入分配的均等程度.

（联合国有关组织规定：若基尼系数低于 0.2，表示社会收入分配绝对平均；0.2～0.3 表示社会收入分配比较平均；0.3～0.4 表示社会收入分配相对合理；0.4～0.5 表示社会收入分配差距较大；0.6 以上表示社会收入分配差距悬殊.）

**提示** 曲线 $ODL$ 在经济学上称为洛伦茨曲线，是用以反映国民收入分配平均程度的一种曲线.

**解** 分析该国当年的社会贫富差距的情况，需要计算出该国当年的基尼系数. 这就要计算出 $A$ 和 $B$ 的面积值.

已知曲线 $ODL$ 近似服从二次函数 $f(x) = 0.876x^2$，则

$$B = \int_0^1 0.876x^2\,dx = 0.876 \times \frac{1}{3}x^3\Big|_0^1 = 0.292$$

而 $\quad A = \frac{1}{2} - B = 0.5 - 0.292 = 0.208$

所以，该国当年的基尼系数$=\dfrac{A}{A+B}=\dfrac{0.208}{0.5}=0.416$

根据联合国有关组织的规定，该国当年社会收入分配的差距较大．

在经济管理问题中，许多涉及积分的计算都难以用“直接积分法”直接计算出结果来，需要寻求其他的计算方法．下面我们简单地介绍定积分的换元积分法和分部积分法，以便大家能很容易地利用这些积分方法处理遇到的实际问题．

### 4.2.4 换元积分法

换元积分法实际上是复合函数求积分的方法．利用换元积分法求积分时，首先利用所给被积函数和基本求积公式分析出被积函数的原函数的基本形式，然后对所给的被积函数进行恒等变形（通常是增减常数 $k$），找出变形后的被积函数 $f[\varphi(x)]\varphi'(x)$ 的原函数 $F[\varphi(x)]$（$\{F[\varphi(x)]\}'=f[\varphi(x)]\varphi'(x)$），则可以求出定积分值．

即已知 $\displaystyle\int_a^b f(u)\mathrm{d}u=F(u)\Big|_a^b=F(b)-F(a)$，则得

$$\int_a^b f[\varphi(x)]\varphi'(x)\mathrm{d}x=F[\varphi(x)]\Big|_a^b=F[\varphi(b)]-F[\varphi(a)] \quad (4.5)$$

思考

此积分方法为什么称为换元积分法?

**例3** 计算下列定积分．

(1) $\displaystyle\int_0^1 \mathrm{e}^{-2x}\mathrm{d}x$；

(2) $\displaystyle\int_2^3 \frac{2x}{x^2-3}\mathrm{d}x$；

(3) $\displaystyle\int_0^{\ln 2} \mathrm{e}^x(\mathrm{e}^x+1)^2\mathrm{d}x$.

**解** (1) 已知$\displaystyle\int_a^b \mathrm{e}^u\mathrm{d}u=\mathrm{e}^u\Big|_a^b=\mathrm{e}^b-\mathrm{e}^a$，则

$$\int_0^1 \mathrm{e}^{-2x}\mathrm{d}x=\int_0^1 \mathrm{e}^{-2x}(-2x)'\left(-\frac{1}{2}\right)\mathrm{d}x=-\frac{1}{2}\int_0^1 \mathrm{e}^{-2x}(-2x)'\mathrm{d}x$$

$$=-\frac{1}{2}\mathrm{e}^{-2x}\Big|_0^1=-\frac{1}{2}(\mathrm{e}^{-2}-\mathrm{e}^0)=\frac{1}{2}\left(1-\frac{1}{\mathrm{e}^2}\right)$$

(2) 已知 $\int_a^b \frac{1}{u}\mathrm{d}x = \ln|u|\Big|_a^b = \ln|b| - \ln|a|$，

则 $\int_2^3 \frac{2x}{x^2-3}\mathrm{d}x = \int_2^3 \frac{1}{x^2-3}\cdot 2x\mathrm{d}x = \int_2^3 \frac{1}{x^2-3}(x^2-3)'\mathrm{d}x$

$$= \ln|x^2-3|\Big|_2^3 = \ln6 - \ln1 = \ln6$$

(3) 已知 $\int_a^b u^\alpha \mathrm{d}u = \frac{1}{\alpha+1}u^{\alpha+1}\Big|_a^b = \frac{1}{\alpha+1}(b^{\alpha+1} - a^{\alpha+1}) \quad (\alpha \neq -1)$，

则 $\int_0^{\ln2} \mathrm{e}^x(\mathrm{e}^x+1)^2\mathrm{d}x = \int_0^{\ln2}(\mathrm{e}^x+1)^2(\mathrm{e}^x+1)'\mathrm{d}x$

$$= \frac{1}{3}(\mathrm{e}^x+1)^3\Big|_0^{\ln2} = \frac{1}{3}\times(27-8) = \frac{19}{3}$$

**例 4** 经市场调查知某产品的销售增长率服从

$f(t) = 1\,340 - 850\mathrm{e}^{-t}$（其中 $t$ 表示年份）

求此产品5年的销售总量.

**解** 此产品5年的销售总量是销售增长率曲线在0～5年内的定积分值，则

$$\int_0^5 f(t)\mathrm{d}t = \int_0^5(1\,340 - 850\mathrm{e}^{-t})\mathrm{d}t = (1\,340t + 850\mathrm{e}^{-t})\Big|_0^5$$

$$= 5\,850 + 850\mathrm{e}^{-5} \approx 5\,855.73$$

"换元积分法"是一个很有用的积分方法，但是在计算定积分时，还有一些积分是用"换元积分法"难以求出的.为此我们有必要引入和掌握积分的另一种计算方法——分部积分法.

### 4.2.5 分部积分法

分部积分法主要用以计算被积函数为乘积形式的积分.计算时，经过分部积分公式的变换，使得较难求出的乘积形式的积分转变为容易求出的积分，从而达到计算出定积分的目的.

下面我们由乘积的导数公式推导出定积分的分部积分公式.

1. 分部积分公式

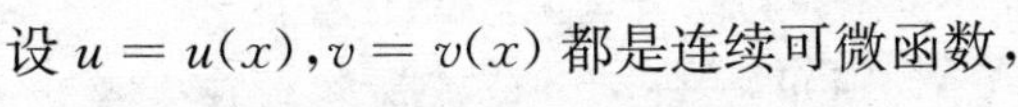

设 $u=u(x), v=v(x)$ 都是连续可微函数，

$$(uv)'=u'v+uv'$$

两边积分得 $\int_a^b (uv)'\mathrm{d}x=\int_a^b u'v\mathrm{d}x+\int_a^b uv'\mathrm{d}x$，

即 $uv\Big|_a^b=\int_a^b u'v\mathrm{d}x+\int_a^b uv'\mathrm{d}x$.

> **思考**
> 如何选择 $u$，$v'$?

移项得分部积分公式.

$$\int_a^b uv'\mathrm{d}x=uv\Big|_a^b-\int_a^b u'v\mathrm{d}x \tag{4.6}$$

**例 5** 计算下列定积分.

(1) $\int_0^1 x\mathrm{e}^x\mathrm{d}x$； (2) $\int_1^{\mathrm{e}}\ln x\mathrm{d}x$.

**解** (1) 设 $u=x$，$v'=\mathrm{e}^x$，则得 $u'=1$，$v=\mathrm{e}^x$，由分部积分公式(4.6)有

$$\int_0^1 x\mathrm{e}^x\mathrm{d}x=x\mathrm{e}^x\Big|_0^1-\int_0^1\mathrm{e}^x\mathrm{d}x=\mathrm{e}-\mathrm{e}^x\Big|_0^1=\mathrm{e}-\mathrm{e}+1=1$$

(2) 设 $u=\ln x$，$v'=1$，则得 $u'=\dfrac{1}{x}$，$v=x$，由分部积分公式(4.6)有

$$\int_1^{\mathrm{e}}\ln x\mathrm{d}x=x\ln x\Big|_1^{\mathrm{e}}-\int_1^{\mathrm{e}}\frac{x}{x}\mathrm{d}x=\mathrm{e}-\mathrm{e}+1=1$$

2. 分部积分列表法

利用分部积分公式，我们可以求出一些简单的乘积形式的积分. 对于复杂的乘积形式的积分，如果没有经过大量的练习，则很难熟练地掌握. 为了使大家能够更容易地计算，我们采用分部积分列表法.

我们知道，对于一个乘积形式的积分 $\int_a^b f(x)\mathrm{d}x=\int_a^b uv'\mathrm{d}x$，运用分部积分公式的第一步，是将其中的一个因子写成 $u$，而另一个因子写成 $v'$，第二步才是利用公式

$$\int_a^b u(x)v'(x)\mathrm{d}x=u(x)v(x)\Big|_a^b-\int_a^b v(x)u'(x)\mathrm{d}x$$

求解定积分值.

为了更好地记忆和运用分部积分公式，我们将其写成列表形式

$$\text{求 } u \text{ 的导数 } u' \quad \begin{matrix} (+)u & \longrightarrow & v' \\ (-)u' & \longrightarrow & v \end{matrix} \quad \text{求 } v' \text{ 的原函数 } v$$

运用分部积分列表法计算积分应遵循如下方法：

横向函数相乘再积分，左列函数依次求导数，右列函数依次求积分，斜向函数相乘不积分，符号依次取正负．

运用分部积分列表法求乘积形式 $\int_a^b uv'\mathrm{d}x$ 的积分时，$u$ 放在左列，$v'$ 放在右列，积分时注意 $u$ 和 $v'$ 的选择，一般应遵循

(1) 左列函数应是求导后逐渐简单的；

(2) 右列函数应是容易积分的；

(3) 左导右积的结果相乘，其积分应是逐步简化，最终方便求出积分结果的．

例如，我们用分部积分列表法计算 $\int_0^1 x\mathrm{e}^x\mathrm{d}x$．

$$\begin{matrix} (+)x & \longrightarrow & \mathrm{e}^x \\ (-)1 & \longrightarrow & \mathrm{e}^x \end{matrix}$$

则 $$\int_0^1 x\mathrm{e}^x\mathrm{d}x = x\mathrm{e}^x\Big|_0^1 - \int_0^1 1\cdot\mathrm{e}^x\mathrm{d}x = \mathrm{e} - \mathrm{e}^x\Big|_0^1 = \mathrm{e}-\mathrm{e}+1 = 1$$

**例 6** 用分部积分列表法计算下列定积分：

(1) $\int_0^1 x^2\mathrm{e}^x\mathrm{d}x$；

(2) $\int_1^{\mathrm{e}} x^2\ln x\mathrm{d}x$．

**解** (1) $x^2$ 求导数是逐渐简单的，$\mathrm{e}^x$ 容易求出原函数，则 $x^2$ 放在左列，$\mathrm{e}^x$ 放在右列，排列如下：

$$\begin{matrix} (+)x^2 & \longrightarrow & \mathrm{e}^x \\ (-)2x & \longrightarrow & \mathrm{e}^x \\ (+)2 & \longrightarrow & \mathrm{e}^x \end{matrix}$$

则 $\int_0^1 x^2 e^x dx = x^2 e^x \Big|_0^1 - 2xe^x \Big|_0^1 + \int_0^1 2 \cdot e^x dx$

$$= e - 2e + 2e^x \Big|_0^1 = e - 2e + 2e - 2 = e - 2$$

注意：1）这里 $u'$，$v$ 间的横线已由其下方的斜线和横线代替．

2）对于此例的积分列表我们可以继续往下排列，只要左列出现了“0”，则可由积分表直接写出积分结果，即积分列为：

(+)$x^2$ → $e^x$
(−)$2x$ → $e^x$
(+)2 → $e^x$
(−)0 → $e^x$

则 $\int_0^1 x^2 e^x dx = x^2 e^x \Big|_0^1 - 2xe^x \Big|_0^1 + 2e^x \Big|_0^1 = e - 2e + 2e - 2 = e - 2$

可见，分部积分列表法在这里表现得是十分有效的．

(2) $\ln x$ 不易求出原函数，而 $x^2$ 容易求出原函数，则 $\ln x$ 放在左列，$x^2$ 放在右列，排列如下：

(+)$\ln x$ → $x^2$
(−)$\frac{1}{x}$ → $\frac{1}{3}x^3$

则 $\int_1^e x^2 \ln x dx = \frac{1}{3}x^3 \ln x \Big|_1^e - \frac{1}{3}\int_1^e \frac{x^3}{x} dx = \frac{1}{3}e^3 - \frac{1}{9}x^3 \Big|_1^e = \frac{2}{9}e^3 + \frac{1}{9}$

## 简单练习 4.2

1. 计算下列定积分：

(1) $\int_1^4 \frac{\sqrt{x}}{x^2} dx$；　(2) $\int_{-2}^1 |1 + x| dx$；　(3) $\int_0^1 e^{-3x} dx$；

(4) $\int_2^3 \frac{x}{x-1} dx$；　(5) $\int_0^2 xe^{2x} dx$；　(6) $\int_1^e x\ln x dx$.

2. 假设某国某年的洛伦茨曲线 $ODL$ 近似服从 $y = 1.216x^3$，试求该国该年的基尼系数．

3. 已知某产品总产量（单位为台）的变化率是时间 $t$（单位为月）的函数

$$f(t)=2t+4 \quad (t \geqslant 0)$$

求此产品前半年的总产量.

学习了定积分的一些计算方法后，我们可以解决一些经济管理中的实际问题.

# 4.3 积分在经济管理中的应用

下面我们给出几类常见的用定积分方法解决的经济管理问题.

## 4.3.1 由边际函数求最优的问题

对已知的边际函数 $F'(x)$（如边际收入 $R'(q)$、边际成本 $C'(q)$ 和边际利润 $R'(q)$），可由牛顿—莱布尼兹公式得出变上限定积分 $\int_0^x F'(x)\mathrm{d}x = F(x)-F(0)$，移项，得

$$F(x)=\int_0^x F'(x)\mathrm{d}x+F(0) \tag{4.7}$$

也可由牛顿—莱布尼兹公式求出经济函数从 $a$ 到 $b$ 的变动值（或称为增量），即

$$\Delta F(x)=F(b)-F(a)=\int_a^b F'(x)\mathrm{d}x \tag{4.8}$$

由公式（4.7）、（4.8）可得下列经济函数及其增量：

总收入函数

$$R(q)=\int_0^q R'(q)\mathrm{d}q \tag{4.9}$$

总收入函数从 $a$ 到 $b$ 的增量

$$\Delta R(q)=R(b)-R(a)=\int_a^b R'(q)\mathrm{d}q \tag{4.10}$$

总成本函数

$$C(q)=\int_0^q C'(q)\mathrm{d}q+C_0 \tag{4.11}$$

总成本函数从 $a$ 到 $b$ 的增量

$$\Delta C(q)=C(b)-C(a)=\int_a^b C'(q)\mathrm{d}q. \tag{4.12}$$

总利润函数

$$L(q)=\int_0^q L'(q)\mathrm{d}q-C_0 \tag{4.13}$$

总利润函数从 $a$ 到 $b$ 的增量

$$\Delta L(q)=L(b)-L(a)=\int_a^b L'(q)\mathrm{d}q \tag{4.14}$$

**例 1** 设某产品的边际收入函数为 $R'(q)=9-q$（单位为万元/万台），边际成本函数为 $C'(q)=4+\frac{q}{4}$（单位为万元/万台），其中产量 $q$ 以万台为单位．

(1) 试求当产量由4万台到5万台时利润的变化量；

(2) 当产量为多少时利润最大？

(3) 已知固定成本为1万元，求总成本函数和利润函数．

**解** (1) 首先求出边际利润

$$L'(q)=R'(q)-C'(q)=(9-q)-\left(4+\frac{q}{4}\right)=5-\frac{5}{4}q$$

由公式（4.14）得

$$\Delta L=L(5)-L(4)=\int_4^5 L'(q)\mathrm{d}q$$

$$=\int_4^5\left(5-\frac{5}{4}q\right)\mathrm{d}q=\left(5q-\frac{5}{8}q^2\right)\Big|_4^5=-\frac{5}{8}\text{（万元）}$$

由此可见，在产量为4万台的基础上再生产1万台，利润减少了．

(2) 令 $L'(q)=0$，解得

$q=4$（万台）

由实际可知产量为 4 万台时利润最大.

(3) 总成本函数

$$C(q)=\int_0^q C'(q)\mathrm{d}q+C_0=\int_0^q\left(4+\frac{q}{4}\right)\mathrm{d}q+1=4q+\frac{q^2}{8}+1$$

利润函数

$$L(q)=\int_0^q L'(q)\mathrm{d}q-C_0=\int_0^q\left(5-\frac{5q}{4}\right)\mathrm{d}q-1=5q-\frac{5q^2}{8}-1$$

除了由边际函数求最优的问题外，在现实生活的经济分析中还有许多可以通过积分工具来分析和解决的问题，例如下面要介绍的消费者剩余问题和产品营销问题.

## 4.3.2 消费者剩余问题

消费者剩余（简记为 $CS$）是经济学中的重要概念，是指消费者对某种商品所愿意付出的金额，超过他实际付出的金额，即：

消费者剩余=愿意付出的金额−实际付出的金额

消费者剩余可用来衡量消费者所得到的额外满足.

假定消费者愿意为某商品所付的价格 $p$ 是由其需求曲线 $p=D(q)$（其中 $q$ 为需求量）决定的，它是价格的减函数，如图 4—5.

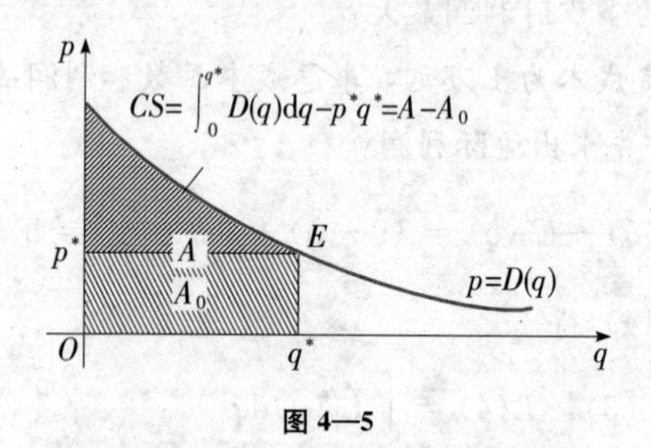


图 4—5

这表明，某消费者对价格为 $p^*$ 的某商品的购买量为 $q^*$ 时，所愿意付出的金额为面积 $A$，而实际付出金额为矩形面积 $A_0$，则消费者剩余 $=A-A_0$.

所以当价格为 $p^*$ 时，可以用公式

$$CS=\int_0^{q^*}D(q)\mathrm{d}q-p^*q^* \tag{4.15}$$

计算消费者剩余.

**例 2** 如果需求曲线 $D(q)=20-0.018q^2$，并已知需求量为 10 个单位，试求消费者剩余 CS.

**解** 已知需求量 $q^*$ 为 10 个单位，所以市场价格

$$p^*=D(q)=20-0.018q^2=20-0.018\times 10^2=18.2$$

由公式 (4.15) 得消费者剩余为

$$CS=\int_0^{10}D(q)\mathrm{d}q-p^*q^*=\int_0^{10}(20-0.018q^2)\mathrm{d}q-18.2\times 10$$

$$=\left(20q-\frac{0.018}{3}q^3\right)\Big|_0^{10}-182=12$$

再来看另一个我们常常听到或关心的问题——产品营销问题.

### 4.3.3 产品营销问题

产品销售是维持企业生存和发展的基本保证，因此是企业营销研究的重要内容. 而对产品生命周期的各个阶段的特性分析可借助于产品的销售曲线模型，利用产品的销售曲线模型和定积分的知识对产品销售进行定量分析，可预测出产品在各个阶段的销售总量等信息，为企业营销目标和营销策略的确定提供可供选择的方案.

**例 3** 某新产品的销售率为 $f(x)=100-90e^{-x}$，式中 $x$ 是产品上市的月数，前 4 个月的销售总数是曲线 $y=f(x)$ 与 $x$ 轴在 $[0, 4]$ 之间的面积，如图 4—6.

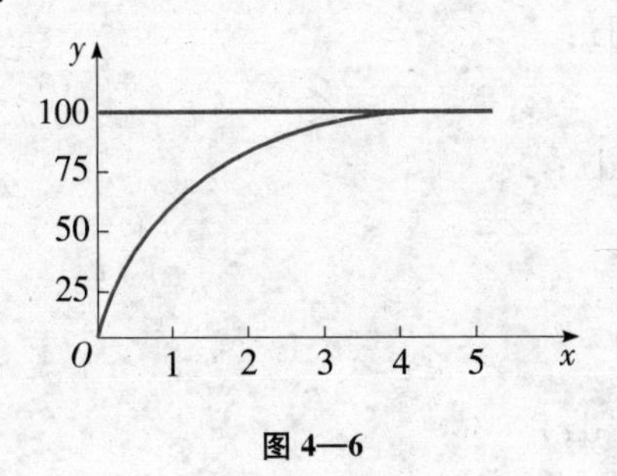


图 4—6

求前 4 个月的总销售量．

**解** $S=\int_0^4 f(x)\mathrm{d}x=\int_0^4(100-90\mathrm{e}^{-x})\mathrm{d}x$

$$=(100x+90\mathrm{e}^{-x})\Big|_0^4=400+\frac{90}{\mathrm{e}^4}-90\approx 311.65$$

## 简单练习 4.3

1. 某产品生产 $q$ 个单位时的边际收入函数为 $R'(x)=200-\frac{q}{100}$，试求

(1) 生产 50 个单位时的总收入；

(2) 在生产 100 个单位的基础上，再生产 100 个单位的总收入的增量．

2. 如果需求曲线 $D(q)=18-3q$，并已知需求量为 2 个单位，试求消费者剩余 $CS$.

3. 已知某产品的销售变化率是时间 $t$（单位为月）的函数，

$$f(t)=4-(t-2)^2 \quad (t\geqslant 0)$$

求此产品第一个季度的总销售量．

## 习题 4

1. 求下列定积分：

(1) $\int_1^2\left(x+\frac{2}{x^2}\right)\mathrm{d}x$；

(2) $\int_1^2\left(2^x-\frac{1}{x}\right)\mathrm{d}x$；

(3) $\int_0^1\frac{x^2}{x+1}\mathrm{d}x$；

(4) $\int_{-2}^2\left(\frac{x}{4}+2\right)^3\mathrm{d}x$；

(5) 设函数 $f(x)=\begin{cases}\frac{x}{2}+1, & x\in[-1,0)\\ \sqrt{x+1}, & x\in[0,1]\end{cases}$，求 $\int_{-1}^{1}f(x)\mathrm{d}x$；

(6) $\int_{0}^{1}2x\mathrm{e}^{-x^2}\mathrm{d}x$；

(7) $\int_{-1}^{0}\frac{4}{(3+2x^2)}\mathrm{d}x$；

(8) $\int_{0}^{1}x\mathrm{e}^{-x}\mathrm{d}x$；

(9) $\int_{1}^{\mathrm{e}-1}\ln(1+x)\mathrm{d}x$.

2. 某产品的边际成本 $C'(q)=2$，边际收入 $R'(q)=8-0.4q$，其中 $q$ 为生产量，试求：

(1) 生产量 $q$ 等于多少时，利润 $L(q)$ 最大？

(2) 在使利润最大的产量基础上再生产 5 台，利润将减少多少？

3. 如果需求曲线 $D(q)=50-0.025q^2$，并已知需求量为 20 个单位，试求消费者剩余 $CS$.

4. 假设某国某年的洛伦茨曲线近似服从

$$f(x)=\begin{cases}x^3, & x\in\left[0,\frac{1}{2}\right),\\ \frac{1}{2}x(3x-1), & x\in\left[\frac{1}{2},1\right].\end{cases}$$

试求这一年该国的基尼系数.

5. 已知某产品总产量的变化率是时间 $t$ 的函数

$$f(t)=30+4t-0.3t^2\quad(t\geqslant 0)$$

求 $t=6$ 时的总产量.

**图书在版编目（CIP）数据**

微积分/李林曙主编.
北京：中国人民大学出版社，2006
21世纪高等继续教育精品教材
ISBN 7-300-07310-7

Ⅰ. 微…
Ⅱ. 李…
Ⅲ. 微积分-成人教育：高等教育-教材
Ⅳ. O172

中国版本图书馆CIP数据核字（2006）第041922号

21世纪高等继续教育精品教材
**微积分**
主　编　李林曙
副主编　赵　坚　陈卫宏

---

出版发行　中国人民大学出版社
社　　址　北京中关村大街31号　　　**邮政编码**　100080
电　　话　010－62511242（总编室）　　010－62511239（出版部）
　　　　　010－82501766（邮购部）　　010－62514148（门市部）
　　　　　010－62515195（发行公司）　010－62515275（盗版举报）
网　　址　http://www.crup.com.cn
　　　　　http://www.ttrnet.com(人大教研网)
经　　销　新华书店
印　　刷　北京密兴印刷厂
开　　本　170×228mm　16开本　　版　　次　2006年7月第1版
印　　张　10.75 插页1　　　　　　印　　次　2006年7月第1次印刷
字　　数　145 000　　　　　　　　定　　价　25.00元（含光盘）

---